◎黎昌伦 / 著

现代建筑设计原理
与技巧探究

XIANDAI JIANZHU SHEJI YUANLI
YU JIQIAO TANJIU

四川大学出版社

责任编辑:唐　飞
责任校对:胡晓燕
封面设计:陈　勇
责任印制:王　炜

图书在版编目(CIP)数据

现代建筑设计原理与技巧探究 / 黎昌伦著. —成都:
四川大学出版社，2017.10
ISBN 978−7−5690−1261−3

Ⅰ.①现…　Ⅱ.①黎…　Ⅲ.①建筑设计　Ⅳ.①TU2

中国版本图书馆 CIP 数据核字（2017）第 261548 号

书　名	现代建筑设计原理与技巧探究	
著　者	黎昌伦	
出　版	四川大学出版社	
地　址	成都市一环路南一段 24 号 (610065)	
发　行	四川大学出版社	
书　号	ISBN 978−7−5690−1261−3	
印　刷	郫县犀浦印刷厂	
成品尺寸	170 mm×240 mm	
印　张	12.25	
字　数	233 千字	
版　次	2018 年 2 月第 1 版	
印　次	2018 年 2 月第 1 次印刷	
定　价	52.00 元	

◆ 读者邮购本书,请与本社发行科联系。
　电话:(028)85408408/(028)85401670/
　(028)85408023　邮政编码:610065
◆ 本社图书如有印装质量问题,请
　寄回出版社调换。
◆ 网址:http://www.scupress.net

前　　言

　　人类社会在发展的过程中持续探寻着对自然进行控制和适应的手段,同时逐渐确定自身在地球上的地位。建筑能够使用特殊、抽象的方法给予人们安全、自信和审美的感受。具体来说,建筑是人们为了满足对生活的需求,使用一定的物质条件,根据科学法则和美学要求,通过对空间进行塑造、组织和完善而形成的人造物质环境。

　　建筑可以分为建筑物和构造物两类。其中,建筑物是指用于人类生活、工作、学习等活动的房屋,如住宅、办公楼和学校等。构造物则是为了使建筑物具有更好的使用性能而添加的一些辅助建筑,如烟囱、电视塔等。因此,建筑在整个国民经济发展和城镇的建设工程中具有重要的地位。

　　全书共分七章。第一章阐释了现代建筑设计的基本原理,主要介绍了建筑设计的历史演变,现代建筑的分类与构成要素,现代建筑设计的特点、原则与内容;第二章对现代建筑外部空间设计与群体组合进行了探讨,内容包括建筑外部空间设计与外部空间组合、建筑外部空间处理与环境质量以及建筑外部场地与建筑小品设计;第三章研究了建筑结构与现代建筑的空间组合,重点对建筑结构与结构选型、现代建筑空间组合的原则与方式及现代建筑空间组合的方法与步骤进行了论述;第四章介绍了建筑造型与现代建筑的立面设计的相关内容,主要包括建筑造型艺术特征及其分类、现代建筑构图的基本原理和现代建筑体型与立面设计;第五章的主要内容为建筑材料与现代建筑的经济设计,其中对建筑材料的分类及其现代新技术、现代建筑的技术经济指标与经济性评价和现代建筑设计中的经济性问题分析进行了具体阐述;第六章介绍了建筑设计构思与现代建筑设计新理念,论述了现代建筑设计创意与构思、现代建筑设计理念创新的基础与方向及可持续发展建筑设计与生态建筑设计;第七章介绍了现代建筑设计的新发展——绿色建筑,在对绿色建筑进行概述的基础上,重点探讨了绿色建筑的发展沿革以及绿色建筑设计的原则、内容与方法。

　　本书在撰写的过程中参考和借鉴了诸多专业研究学者的文献资料与理论著作,在此向他们表示诚挚的谢意。书中难免存在不成熟的观点与错漏之处,恳请广大读者与专家、学者批评指正,以便本书日后的修订与完善。

贵州民族大学　黎昌伦

2017 年 8 月

目　　录

第一章　现代建筑设计的基本原理

　　建筑是为了人类社会活动的需要,利用建造技术,按照科学法则和审美要求,通过对空间的塑造、组织与完善所形成的物质环境。建筑作为人们生活的庇护所,其在自然及社会体系中扮演着举足轻重的角色。本章主要介绍了建筑设计的历史演变、现代建筑的分类与构成要素和现代建筑设计的特点、原则与内容。

第一节　建筑设计的历史演变

一、国外建筑设计的历史演变

(一)古埃及建筑设计

　　古埃及文化是世界最古老的文化之一,起源于距今五千多年以前,比希腊、罗马要早得多。古埃及的建筑也是现今发现的人类最古老的建筑,其中最具代表性的要数金字塔。埃及人是世界上率先提出"灵魂不朽"思想的民族,并且也懂得怎样借助"自然"来表达灵魂不朽这个思想观念。古埃及人相信,只要尸体尚存,三千年后就会在极乐世界复活并获永生,所以有了法老死后遗体被做成"木乃伊"存放在塔里,以求不朽。金字塔表现了埃及人对不死的渴望。一座座由奴隶从尼罗河上游开采、浮运到建筑工地的巨石堆筑起来的庞然大物,形象是那样高大、稳定、沉重、简洁而撼动人心。大漠衬托着金字塔形体的精确与力量,坚定的形体反过来也强调了沙漠的浩渺与神秘莫测。二者相互作用,表达了古埃及人成熟的艺术构思与强大的精神魄力。例如,距开罗不远的吉萨保存着公元前 2723—前 2563 年建造的许多金字塔,其中最大的三座分别名为胡夫、哈弗拉和门卡乌拉。这三座大金字塔都用淡黄色石灰石砌筑,外贴一层磨光的白色石灰石,塔身都是精确的正方锥形。它们组成一组,从东北到西南,以对角线相接,塔体四面恰好正对指南针的四个方位,群体轮廓参差映衬,气势恢宏。金字塔如沙漠中的山岩,带有强烈的原始性,与尼罗河三角洲的自然风光十分协调。大漠孤烟,长河落日,何其壮阔。

大约公元前 1312—前 1301 年,埃及规模最大的阿蒙(太阳神的名字)神庙(见图 1-1)在卡纳克建立起来。神庙的主体由六道大门、前院、大殿、中殿、后院、过厅和位于最后的祭堂组成,整个建筑长 366 m、宽 110 m。庙门处高达二三十米的高大石墙夹着中间低平的门道,称作"牌楼门",与高耸的方尖碑对比强烈,产生了丰富多变的构图效果。公元前 4 世纪,希腊马其顿人占领埃及,随着希腊古典文化的传入,古埃及文化基本中断了。以后,埃及又沦为罗马人的殖民地,残留的一点古埃及文化元素也消亡了……"金字塔"虽变得斑驳陆离,却更增添了一种历史的沧桑感。

图 1-1 阿蒙神庙

（二）古希腊建筑设计

古希腊是欧洲文化的发源地,古希腊建筑开欧洲建筑的先河。古希腊建筑的结构属梁柱体系。早期主要建筑都用石料,石梁跨度一般是 4~5 m,最大不过 7~8 m,墙体也用石块砌成,砌块平整精细,石缝严密,砌块之间有榫卯或金属销子连接而不用胶结材料。公元前 8—前 6 世纪,希腊建筑逐步形成相对稳定的形式,陶立克式建筑的柱头是倒圆锥台、没有柱础,其柱式似男子的刚毅,风格朴实有力;爱奥尼式建筑的柱头正面和背面各有一对涡卷、有柱础(见图 1-2),其柱式如女性的柔美,修长文静,风格端正秀雅。到公元前 6 世纪,这两种建筑都有了系统的做法,被称为"柱式",柱式体系是古希腊人在建筑艺术上的创造。公元前 5—前 4 世纪,是古希腊的繁荣兴盛时期,创造了很多建筑珍品。伯罗奔尼撒半岛的科林斯城形成一种新的建筑柱式——科林斯柱式,柱头上雕刻着毛茛叶,其余部分却如爱奥尼柱式,风格华美富丽。此式在罗马时代广泛流行。希腊各地除建造许多神庙外,还有露天剧场、竞技场、图书馆、广场和灯塔等多类建筑物。而最著名的古希腊建筑首推雅典卫城上的帕提侬神庙。

图 1-2　爱奥尼式建筑

（三）古罗马建筑设计

古罗马本是意大利半岛上的一个城邦小国,公元前 5 世纪起实行自由民主共和政体,经过几百年的不断扩张,公元前 146 年征服希腊,同时也继承了希腊文化。公元前 30 年罗马变成帝国,领域以意大利为中心,扩展到地中海周围广大地区。其用石材铺砌,宽阔坚固,像血管一样遍布全境的驰道,从四面八方通向罗马,因而有"条条大路通罗马"之谓。古罗马建筑在公元 1—3 世纪为鼎盛时期,达到西方古代建筑的高峰。古罗马人不同于希腊人,是一个重实际的民族。希腊人追求的和谐统一是抽象的、概念化的,而罗马人追求的和谐是建立在实际需要、日常生活中的。罗马人避开理想主义,以直接实用为目的。"被征服的希腊使野蛮的征服者成为其俘虏",道出罗马文化源于希腊文化的实际。在某些方面,罗马文化缺乏创造性,它侧重吸收希腊建筑上的形式,基本照搬希腊建筑的三柱式,虽出现了特有的塔司干柱式和组合柱式,但这只是在希腊三柱式的基础上组合而成的。混凝土的发明与广泛应用,使罗马人首先创造并熟练地使用扩大室内空间的技术,利用一系列拱券而成筒形拱,两个直角的筒形拱相交而成交叉拱,这是罗马人的伟大创举之一。另外,拱与混凝土的应用使柱子变得没有必要,但为了追求效果,则把柱子置于拱门开口部的外侧,表现出罗马建筑的独特性,即拱门与柱式的有机组合。

罗马人的文化兼容性和实用性的观点,以及在侵略扩张中引发的罗马人的自豪感,促使罗马产生了诸如古代世界建筑史上穹顶建筑直径最大的万神庙(门廊后面的圆殿是一个巨大的圆球形空间,平面直径和穹顶高度达 43.43 m,厚厚的外墙不开窗子,在穹顶中央有一个直径 8.9 m 的圆洞,阳光射入,产生神奇而诡谲的光影;穹顶表面强调水平分划,用放射和水平拱肋组成框格,增加了室内空间的透视效果,有很强的向心韵律)、装饰华丽的凯旋门(如罗马城内君士坦丁凯旋门,门总高 20.63 m、宽 25 m,比例和谐,气势雄伟,既是杰出的建筑,也是精美的雕刻艺术品)、巍峨挺立的记功柱(如图拉真广场是为纪念征服达西亚——今罗马尼亚而建造的,广场上除凯旋门、半圆厅、镀金骑马的青铜像外,还有给人印象深刻的高约 35 m 的记功柱;柱面上刻满了东征浮雕,盘曲而上,其展开长度约 200 m)、奢华之至的公共浴场(如空间非常宏大的卡拉卡浴场和戴克利先浴场)。

其中,罗马大角斗场(见图 1-3)反映了古罗马建筑的高度成就。斗兽场平面呈椭圆形,外围两圈环廊,立面 4 层,总高 48.5 m。下部 3 层,每层有 80 个半圆拱券,券间装饰着壁柱。立面从各方面看过去完全一样,有很强的统一感,在重复和连续中显现出韵律和节奏。第四层实墙是后来加建的,对整个立面起着箍束作用。

图 1-3　罗马大角斗场

（四）中世纪拜占庭建筑设计

1. 马赛克

为了减轻这种砖石结构体系的重量,拱顶和穹窿多用空陶罐砌筑,因而需要进行大面积的装饰。拜占庭建筑的装饰以彩色大理石板贴于平直的墙面,而拱券和穹窿的表面则饰以马赛克或粉画。马赛克参照亚历山大城的传统,用半透明的小块彩色玻璃镶成,一般在基层铺上底色以保持大面积画面的色调统一。公元 6 世纪前所用的底色多为蓝色,之后的一些重要建筑物改用金箔打底,色彩斑斓的马赛克就统一在金黄色中,显得金碧辉煌。但马赛克拼画大都不表现空间和动态,缺乏层次感,构图也不十分严谨。由于马赛克饰面需要复杂的工艺,只有很重要的教堂才会采用这种昂贵的装饰,其他则带之以粉画。要获得较为持久、高质量的装饰效果,需要在抹灰的灰浆未干时作画,必须挥洒自如、行笔流畅,这就要求画师要具有纯熟的技巧和把握全局的能力。马赛克和粉画的题材是宗教性的,而在皇家教堂,则会把歌颂皇帝事迹的绘画摆在最重要的位置。

2. 雕刻

拜占庭建筑运用雕刻装饰的部位集中于发券、拱脚、穹顶底脚、柱头、檐口等用石材砌筑的承重及转折处,表现为保持构件原来的几何形状,用三角形断面的凹槽和钻孔来增强立体感并突出图案;装饰图案多为几何形或程式化的植物纹样。典型的公元 6 世纪以后的拜占庭建筑的柱头装饰具有其自身的特点,而脱离了古典柱式的范畴。其具体做法是为了使厚厚的券底能自然地过渡到细细的圆柱,在柱头上加一块倒方锥台形的垫石;或将柱头做成上大下小的倒方锥台形;再或者把柱头的立方体由上而下地渐渐抹去棱角,由方变圆。柱头装饰多以忍冬草叶为题材,做成花篮式、多瓣式等复杂的式样,也有用动物形象做装饰的。有些柱头甚至采用透雕工艺,在表面镂刻出精致的叶形花纹,例如圣维达尔教堂的斗形柱头(见图 1-4)。

图 1-4 圣维达尔教堂的斗形柱头

(五)现代主义建筑设计运动

在 20 世纪初的社会经济、政治背景下,现代主义建筑运动在欧美应运而生,主要是为了解决现代建筑的结构、形式和服务对象等问题。德国、苏联和荷兰是这场运动的中心,第二次世界大战之后又在美国蓬勃发展,最后影响到世界各国。现代主义建筑运动的内容包含了技术和思想两个层面。技术层面主要指由新材料、新技术、新结构方式所带来的建筑全新形式;思想层面主要指意识形态上形成的几个核心观念,是围绕民主主义、精英主义、理想主义发展出来的为大众服务、为社会服务的具有功能主义的反传统意识。

现代主义建筑主要的形式特点有:①建筑以功能为设计的中心和目的,注意科学性、方便性和经济高效性;②提倡排除装饰的简洁几何造型;③标准化构件和组装方法施工;④注重整体设计和空间布局。

这场运动中最具世界影响力的是五位大师,分别为:德国的格罗皮乌斯、密斯·凡德罗、瑞士的勒·柯布西埃、芬兰的阿尔瓦·阿尔托、美国的弗兰克·赖特。五位大师不仅是建筑界的巨擘,更是强大的设计教育力量,他们的新建筑思想和实践深入影响了广大设计者一个世纪,至今依然具有生命力。

(六)简约设计

20世纪的最后20年是一个建筑思潮不断变化的年代,越来越多的风格或形式一个接一个出现,以令人困惑的速度发展变化着。20世纪70年代初期开始引人关注的一些后现代主义建筑师们,希望通过游戏般地使用建筑形式语言组合各种历史符号,使之与现代主义建筑的美学和道德标准相抗衡。在解构主义思潮的冲击下,一些建筑师带着对哲学家德里达和鲍德里雅的解构哲学的独特解读,将周围日益纷杂、疯狂甚至走向自我毁灭的世界反映到了建筑形式当中。20世纪90年代以后,在习惯了现代建筑的流动空间、后现代主义的隐喻和解构主义的分裂特征之后,建筑界开始关注一种以继承和发展现代建筑的一个明显特征的潮流——向"简约"回归。虽然对这种风格的命名各不相同,如"新简约""极少主义""极简主义"等,然而,不论具体的称呼如何,这种设计趋势的主题是以尽可能少的手段与方式感知和创造,即要求去除一切多余和无用的元素,以简洁的形式客观理性地反映事物的本质。

"简约"并非这个时代特有,且形成的原因很多。有来自技术方面的原因,即当产品的简约性成为降低成本以适应大规模生产的要求时,那些复杂的方式将被淘汰。也有来自意识形态、思想方式等方面的原因,如传统宗教哲学中一直有主张道德和宗教简朴严肃的理念。他们将美的概念从教义中放出,认为上帝的信徒不应在日常生活中为追求美而浪费一丁点钱财。因此,器皿、家具和房屋都力求简单、实用,只考虑遮光蔽热等生存所需的基本功能,同时精工细作并精心维护保养,这样,对方式的精简成为"完美"概念的引申。还有来自艺术观念的原因,因为自工业革命以来形成的一个概念是,顺应时代和技术要求的"简约"已成为一种文化进步的显著标志,并逐渐上升为一种艺术原则。直至20世纪60年代西方绘画、雕塑等领域出现的极少主义艺术,都寻求一种简洁的几何形体和结构,运用人工而非自然材料,如金属和玻璃以表达一种精工细作的光洁表面,运用排列、重复等手段,创造一种三维的秩序感(见图1-5)。这类艺术品可以说没有任何意义参照和原型,单一而独特的形式强化了视觉联系和冲击力,作者的痕迹从作品中完全退场,观者直接面对艺术品本身,在观察对象的过程中体验心理感受。总体上看,极少主义艺术符合20世纪纷繁的艺术世界中一种从具象到抽象的艺术趋势,并将之更推向极端,在剥离了全部意义和历史参照之后,试图以最有限的手段创造最强劲的视觉张力。这些都成为文化领域一种"简约"的思想根源。

图1-5　艺术家唐纳德·贾德(Donald Judd)在得克萨斯的极少主义作品

二、中国建筑设计的历史演变

(一)原始社会时期的建筑设计

1. 穴居

黄河流域有广阔而丰厚的黄土层,土质均匀,易于挖掘,因此在原始社会晚期,穴居成为这一区域氏族部落广泛采用的一种居住方式。穴居经历了竖穴、半穴居、地面建筑3个阶段。由于不同文化、不同生活方式的影响,在同一地区还存在着竖穴、半穴居及地面建筑交错出现的现象,但地面建筑更具有它的适用性,最终取代穴居、半穴居,成为建筑的主流。但总的来说,黄河流域建筑的发展基本遵循了从穴居到地面建筑这一过程,可以说穴居的构造孕育着墙体和屋顶,木骨泥墙建筑的产生也就是原始人群经验积累和技术提高的充分体现。

根据考古发掘,在陕西西安附近的半坡村出土了许多史前时期的建筑遗址。这些聚落距今已达5 000年,属仰韶文化。半坡村居住区房址均为半地穴式,有瓢形、椭圆形、圆形数种。仰韶后期建筑已从半穴居进展到地面建筑,并已有了分隔几个房间的房屋,所用的材料加工的工具有石刀、石斧、石凿等。仰韶房屋的平面有长方形和圆形两种。长方形的多为浅穴,其面积约 20 m²,最大的可达 40 m²(见图 1-6);圆形的一般建造在地面上,直径为 4～6 m(见图 1-7)。

图 1-6　西安半坡房屋遗址

图 1-7　西安半坡圆形建筑剖面图

2. 巢居

巢居在我国南方比较多见。我国的南方地区,由于水网密布,地面湿润,因而建筑多采用"巢居"的形式。据考古学家分析,最早人们是住在树上的。开始时只是在一棵大树上居住,后来变成数棵树合一个住所,最后发展成人工插木桩建屋,形成典型的巢居。然后逐渐演变成如今尚存的干阑式建筑(见图 1-8)。

图 1-8　干阑式建筑

其中,最具有代表性的当推浙江余姚河姆渡史前文化遗址。在遗址的第四文化层,发现了大量距今 6 900 年的圆桩、方桩、板桩以及梁、柱、地板之类的木构件,排桩显示至少有 3 栋以上干阑长屋。长屋不完全长度有 23 m,宽度约 7 m,室内面积达 160 m² 以上。这些长屋坐落在沼泽边沿,地段泥泞,因而采用了干阑的构筑方式。在没有金属工具,只能用石、骨、角、木这些原始工具的条件下,构件居然做出梁头榫、柱头榫、柱脚榫等各种榫卯,有的榫头还带梢孔,厚木地板还做出切口,有力地显示出长江下游地区木作技术的突出成就,标志着巢居发展序列已完成向干阑建筑的过渡。

(二)奴隶社会时期的建筑设计

1. 夏商

夏朝的建立标志着中国进入奴隶制社会。据文献记载,夏朝的统治中心在嵩山附近的豫西一带。河南登封告成镇北面嵩山南麓王城岗发现了 4 000 年前的遗址,可能是夏朝初期的遗址,其中包括东西紧靠的两座城堡,东城已被河水冲去,西城平面略呈方形(约 90 m²),筑城方法比较原始,用卵石作夯具筑成。山西夏县发现了一座规模约 140 m² 的城池遗址,其地理位置与传说中的夏都安邑相吻合。

人们对商朝文化研究最多的为殷墟遗址,即商朝后期的都市。它是商朝的政治、经济、军事、文化中心。遗址面积约 24 km²,中部紧靠洹水,曲折处为宫殿区,西面、南面有制骨、冶铜作坊区,北面、东面有墓葬区。居民散布在西南、东南与洹水以东的地段。宫殿区东面、北面临洹水,西南有壕沟防御。遗址大体分北、中、南 3 区。北区有遗址 15 处,大体作东西向平行布置,基址下无人畜葬坑,推测是王室居住区。中区有 21 处遗址,基址作庭院式布置,轴线上有门址 3 道,门址下有持盾的跪葬侍卫 5～6 人,轴线最后有一座中心建筑,推测这里是商王庭、宗庙遗址。南区规模较小,大小遗址 17 处,作轴线对称布置,人埋于西侧房基之下,牲畜埋于东侧,整齐不紊,是商王祭祀场所。但其建造年代比北区和中区晚,由此可见殷的宫室是陆续建造的,并且用单体建筑,沿着与子午线大体一致的纵轴线,有主有次地组合成较大的建筑群。宫室周围发现的奴隶住房,则仍是长方形或圆形穴居,这也充分体现了阶级社会的阶级对立。

2.西周

瓦的发明是西周在建筑上的突出成就,使西周建筑从"茅茨土阶"的初级阶段开始向"瓦屋"过渡。制瓦技术是从陶器制作发展而来的。在陕西岐山凤雏村的早周遗址中,发现的瓦还比较少,可能只用于屋脊、屋檐和天沟等关键部位。到西周中晚期,从陕西扶风召陈遗址中发现的瓦的数量就比较多了,有的屋顶已全部铺瓦。瓦的质量也有所提高,并且出现了半瓦当。战国时期盛行半瓦当,有云山纹、植物纹、动物纹、大树居中纹等(见图 1-9),有较好的装饰性。战国时期,圆瓦当也有少量出现。汉以后,半瓦当消失,全为圆瓦当。

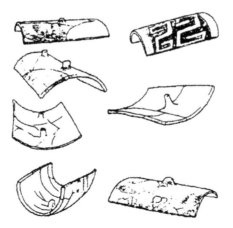

图 1-9　陕西扶风召陈遗址中的瓦件

3.春秋战国

春秋战国时期,各诸侯国出于政治、军事统治和生活享乐的需要,建造了大量的高台建筑,掀起了"高台榭,美宫室"的建筑潮流,一般是在城内夯筑高数米至十多米的土台若干座,上面建造殿堂屋宇。如图 1-10 所示为河南辉县出土的战国铜鉴上的建筑图像,它显示了土木混合结构的高台建筑的直观形象。铜鉴上刻 3 层建筑:底层为土台,外接木构外廊;第二、三层为木构,都带回廊并挑出平台伸出屋檐。

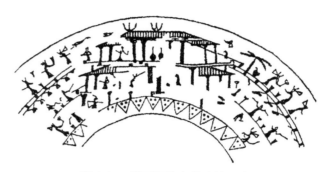

图 1-10 战国铜鉴上的建筑图像

(三)封建社会时期的建筑设计

1. 秦

传统的中国木构架建筑,特别是抬梁式的结构形式,发展到秦朝已经更加成熟并产生了重大的突破,主要体现在秦朝匠师对大跨度梁架的设计上。秦成阳离宫一号宫殿主厅的斜梁水平跨度已达 10 m,据此推测阿房宫前殿的主梁跨度一定不会小于这个跨距,这说明秦朝对木结构梁架的研究和使用已经达到了相当高的水平。

此外,秦朝发展了陶质砖、瓦及管道,不仅使用陶砖铺砌室内外地面,还用于贴砌墙的内表面,并在砖瓦的表面设计刻印各种纹样。在秦都成阳宫殿建筑遗址以及陕西临潼、凤翔等地发现了大量秦代画像砖和铺地青砖,除铺地青砖为素色外,用作踏步或砌于墙壁的长方形空心砖面上都刻有太阳纹、米格纹、小方格纹或平行线纹等几何纹样,或阴刻龙凤纹,或模印射猎、宴客等场面的纹样(见图 1-11)。在秦始皇陵东侧俑坑中发现的砖墙质地坚硬,这说明秦朝已经出现承重用砖。砖的发明是中国建筑设计史上的重要成就之一。

图 1-11 画像砖

2. 两汉

我国的砖石建筑主要是在两汉,尤其是东汉时期得到了突飞猛进的发展。汉代广泛使用砖石设计建造地下工程,例如西汉长安城的下水道。战国时期始创的空心砖,出现在河南一带的西汉陵墓中。在洛阳等地的东汉墓室中,条形砖与楔形砖堆砌的拱券取代了以往的木椁墓,并采用了企口砖加强拱券的整体美观性。当然,贵族官僚们除了使用石砖建造规模巨大的地下墓室外,也在岩石上开凿岩墓,或利用石材砌筑梁板式墓或拱券式墓。这些建筑多镂刻人物故事和各种花纹,刻石的技术和艺术水平也逐步提高。著名的石建筑有四川雅安东汉益州太守高颐墓石阙和石辟邪、北京西郊东汉幽州书佐秦君墓表、山东肥城孝堂山郭巨墓祠等。

总的来说,战国、秦汉建筑的平面组合和外观,虽多数采用对称方式以强调中轴,但为了满足建筑的功能和艺术要求,各时期也形成了丰富多彩的风格,汉朝最具代表性。第一,汉朝高级建筑的庭院以门与回廊相配合,衬托最后的主体建筑更显得庄严凝重,以东汉沂南画像石墓所刻祠庙为代表。第二,以低小的次要房屋和纵横参差的屋顶以及门窗上的雨搭等衬托中央的主要部分,使整个组群呈现有主有从和富于变化的轮廓,如汉明器所反映的住宅就使用这种手法。第三,合理地运用木构架的结构技术,明器中有高达三四层的方形楼阁和望楼,每层用斗拱承托腰檐,其上置平台,将楼阁划为数层,既满足功能上的要求,同时让各层腰檐和平台有节奏地挑出和收进,在稳中求变化,并使各部分产生虚实明暗的对比作用,创造中国楼阁式建筑的特殊风格(见图 1-12)。

图 1-12　汉朝明器中的楼阁建筑

3. 两晋南北朝

两晋南北朝时期出现了中国历史上的一次民族大融合,并伴随着儒家、道家、佛家互相争斗、交融的局面。在城市建设和建筑方面,游牧民族统治者按照汉族的城市规划、结构体系和建筑形象进行建造,除宫殿、住宅、园林在秦汉基础上继续发展以外,还出现了新的建筑类型——佛教和道教建筑。这些宗教建筑汲取了印度、犍陀罗和西域的佛教艺术的一些因素,丰富了中国建筑的形式和内容,为后来隋唐建筑达到封建社会的巅峰打下了基础。

此外,南北朝时期,无论是在大规模的石窟开凿或精雕细琢的手法上,石工技术都达到了很高的水平。云冈全部主要洞窟都是在约短短 35 年内凿造的;北齐晚期开凿天龙山大像窟时,石工曾日夜施工。这些历史事实反映了当时技术和施工组织的情况。在麦积山、南北响堂山和天龙山的石窟外廊上,石工们不但以极其准确而细致的手法雕造了模仿木结构的建筑形式,而且体现了当时木结构的艺术风格。正是这种种丰富经验的积累,才给公元 7 世纪初隋朝的赵州桥那样伟大的桥梁工程奠定了成功的基调。

4. 隋、唐

隋、唐是中国历史上最为辉煌的两个时代,中国传统建筑的技术与艺术在这三百多年间达到了一个巅峰。隋朝结束了中国南北间长期分裂的局面,在隋文帝的治理下迅速繁荣起来。隋炀帝即位后便大兴土木。这一举动固然是劳民伤财的,但是,大运河的开凿又促进了南北文化的融合。这期间大量的建筑实践也推动了建筑技术和艺术的发展,隋代建筑因此取得了突出成就。隋代建筑可以说是南北朝建筑向唐代建筑转变的一个过渡,它的斗拱还比较简单,鸱尾形象较唐代建筑清瘦,但建筑的整体形象已变得饱满起来。此时期的单栋建筑在长方形平面中以满堂柱网双槽平面和内外槽平面为最多,或有龟头屋、挟屋等的平面变化。

隋代建筑追求雄伟壮丽的风格,尤以首都大兴城规划严谨,分区合理,其规模在一千余年间始终为世界城市之最。在技术上隋代建筑取得了很大进步,木构件的标准化程度极高,建筑规模空前。其中,石桥梁技术所取得的成就最为突出,其代表作赵州桥也是世界上最早的敞肩拱桥。

唐初,太宗李世民主张养民,崇尚简朴,其间兴建宫室的数量和规模都很有限。经过贞观之治,唐朝成为当时世界上最富强的国家,至开元、天宝年间,其建筑形成了一种规模宏大、气势磅礴、形体俊美、庄重大方、整齐而不呆板、华美而不纤巧、舒展而不张扬、古朴却富有活力的"盛唐风格",建筑艺术达到了巅峰。安史之乱以后,唐朝逐步走向没落,中晚唐建筑也因之少了盛唐建筑的雄浑之气,多了些柔美装饰之风。随着高足家具的普及,晚唐的建筑比例也因之产生了变化。

唐代建筑最大的技术成就是斗拱的完善和木构架体系的成熟,出现了专门负责设计和组织施工的专业建筑师——梓人(都料匠)。唐代佛教兴旺,砖石佛塔的兴建非常流行,中国地面砖石建筑技术和艺术因此得以迅速发展。

总之,唐代不仅给中华民族留下了许多伟大的诗篇,还留下了诸多壮丽秀美的建筑。唐人豪迈的品格、超凡的才华既凝固在诗歌中,也刻画在建筑上。

5. 五代宋元

自公元 907 年唐灭亡起,至公元 1367 年元灭亡,中国经历了五代十国、宋、辽、西夏、金、元等朝代的更迭。其间,地方割据、多国鼎立和少数民族频繁入主中原,成为这一时期的两大特点。受此影响,这一时期的中国建筑艺术出现了多种风格交融、共存的局面,新的建筑类型和风格不断涌现。

五代十国延续了晚唐的建筑风格。但由于地方割据,交通、人员阻隔,其建筑的地方差异性逐渐扩大。

宋代在建筑领域有重要的发展,这一时期的建筑一改唐代雄浑的特点,变得纤巧秀丽、注重装饰,建筑造型更加多样。宋代砖石建筑的水平不断提高,这时的砖石建筑主要是佛塔和桥梁。浙江杭州灵隐寺塔、河南开封繁塔及河北赵县的永通桥等均是宋代砖石建筑的典范。此外,宋代的建筑技术、施工管理等也取得了进步,出现了《木经》《营造法式》等关于建筑营造的专门书籍。

　　辽早期从唐和五代各国掠走很多汉人工匠,因而其建筑在风格上受唐代建筑影响很深,在细部上则带有五代时期的一些特征,风格雄壮。宋兴起后,辽中晚期的建筑又受到宋代建筑的影响。

　　西夏建筑则同时受到西域建筑和汉地建筑的影响,别具特色。

　　金代建筑在宋代建筑的基础上发展起来,并形成了自己的风格。其宫殿建筑大量使用黄琉璃瓦和红宫墙,创造出一种金碧辉煌的艺术效果,对以后各代的同类建筑影响深远。此外,金代木构建筑的移柱、减柱等扩大室内空间的结构变革也愈演愈烈。

　　元代的各民族文化交流和工艺美术发展给建筑注入新的工艺理念。此时期大量使用减柱法,但正式建筑仍采用满堂柱网,并且由于领土广阔以及受宗教信仰和民族风俗等因素影响,又产生了一些新的建筑类型,如喇嘛塔(见图1-13)、盝形屋顶等。汉族传统建筑的正统地位在此时期并没有被动摇,并继续发展。建筑斗拱的作用进一步减弱,斗拱比例渐小,补间铺作进一步增多。此外,由于蒙古族的传统,在元朝的皇宫中出现了若干盝顶殿、棕毛殿和畏兀尔殿等,这是前所未有的。汉族固有的建筑形式和技术在元代也有所变化,如在木构建筑上直接使用未经加工的木料等,使元代建筑有一种潦草直率和粗犷豪放的独特风格。

图 1-13　喇嘛塔

6. 明、清

明清时期是中国古代建筑体系的最后一个发展阶段。这一时期,中国古代建筑虽然在单体建筑的技术和造型上日趋稳定,没有太多变化,但在建筑群体组合、空间氛围的创造上却取得了显著的成就。

明清建筑的最大成就是在园林领域。明代的江南私家园林和清代的北方皇家园林都可谓最具艺术性的古代建筑群。中国历代都建有大量宫殿,但只有明清的宫殿——北京故宫、沈阳故宫得以保存至今,成为中华文化的无价之宝。现存的古城市和南北方民居也基本建于这一时期。明南京城、明清北京城是明清城市最杰出的代表。北京的四合院和江浙一带的民居则是中国民居最成功的典范。坛庙和帝王陵墓都是古代重要的建筑,目前北京依然较完整地保留了明清两代祭祀天地、社稷和帝王祖先的国家最高级别坛庙。其中最杰出的代表是北京天坛,至今仍以其沟通天地的神妙艺术打动人心。明代帝陵在继承前代形式的基础上自成一格,清代基本上继承了明代制度。明十三陵是明清帝陵中艺术成就最为突出的帝陵建筑。

明清建筑不仅在创造群体空间的艺术性上取得了突出成就,而且在建筑技术上也取得了进步。明清建筑突出了梁、柱、檩的直接结合,减少了斗拱这个中间层次的作用。这不仅简化了结构,还节省了大量木材,从而达到了以更少的材料取得更大建筑空间的效果。明清建筑还大量使用砖石,如明长城、山海关和嘉峪关等,促进了砖石结构的发展。其间,中国普遍出现的无梁殿就是这种进步的具体体现。

值得一提的是,风水术在明代已达极盛,这一时期具有中国建筑史上特有的古代文化现象,而且影响一直延续到近代。总之,明清时期的建筑艺术并非一味地走下坡路,它仿佛是即将消失在地平线上的夕阳,依然光华四射。

（四）近现代中国的建筑设计

中国近现代建筑艺术是伴随着封建社会的解体、西方建筑的输入而形成的,它的发展与这一阶段的社会体制、生产、生活方式和审美趣味有着直接的联系。主要表现为:

(1)传统建筑在数量上仍占主导地位,但由于出现了新的审美趣味,致使建筑风格和某些艺术手法有所变化。

(2)近代工业生产和以公共活动为主的新的社会生活,产生了新类型的建筑。

(3)出现的新材料、新结构、新工艺,要求有相应的新形式。

（4）封建等级制度的废除，社会体制的变革，使得传统建筑艺术赖以存在的许多重要审美价值观念发生了根本动摇，建筑艺术的社会功能创造出了能体现适应新的审美价值的社会功能的新形式。

（5）传统的审美心理与新的审美价值、新的社会功能产生了新的矛盾，所以，在新建筑中能否体现和怎样体现传统形式，成为近现代建筑美学和艺术创作的核心问题。

鸦片战争后，西方人纷纷在各通商口岸和租界建造商厦、住宅、教堂等，其样式基本涵盖了当时西方主要国家的建筑艺术风格。继而兴起的洋务运动，又进一步推动了西方建筑体系在中国的登陆。新式工业厂房引入了西方先进的建筑技术和建筑材料，19 世纪末到 20 世纪初流行的洋式店面、洋学堂、洋戏院和城市里弄住宅等，都是所谓中西合璧的建筑形式，以后则更多建筑直接采用西方流行的形式；单体建筑重在表现外观造型，近现代建筑打破了传统建筑的封闭内向，以表现空间意境为主的审美观念突出了公共性和开放性的观赏功能，这与同时输入的西方建筑重视表现实体造型的审美观念是一致的。

在以后的岁月里，在这种西风东渐的持续作用下，中国近现代建筑艺术的发展道路一直充满曲折。要现代化还是坚持传统？要民族化还是赶上世界潮流？其前进的脚步好像钟摆一样摇摆不定。于是从 20 世纪二三十年代到六七十年代，各式风格的西方建筑被一批又一批地引入中国，竭力表现中国传统风格的建筑如潮水般流行起来又衰退下去，二者你消我长，此起彼伏。

（五）现当代中国的建筑设计

我国的现代建筑，一般是从中华人民共和国成立开始至 20 世纪 70 年代；当代建筑是从 20 世纪 80 年代改革开放至 21 世纪初。从实际情况来说，现当代中国建筑分作前后两段时间。前 30 年，由于种种原因，成效不多；后 30 年时间成效甚大。

前 30 年，我国的建筑主要成就是"国庆十周年"（1959 年）的北京"十大建筑"。以后的时间，一是由于经济上的困难，二是由于极"左"思潮，所以在建筑上不但成绩不多，而且走了许多弯路。后 30 年在改革开放的政策下，我国的建筑事业有了巨大的进展。广州、上海、北京等地，建筑面貌为之大变，同时也实现了与国际接轨。20 世纪末，在北京召开了第 20 届世界建筑师大会，并通过了《北京宪章》；世界上许多著名的建筑师纷纷来我国，有的作考察，有的来讲学，十分羡慕我国的建筑事业，认为建筑师有用武之地。此后，也有许多外国著名建筑师投身中国建设，出方案，做设计，与我国建筑师合作。

改革开放后,中国的建筑艺术创作开始步上了健康发展之路,可称为多元建筑论时期。人们在认识到建筑的多元性的前提下,坚持创造既具有时代特色又具有中国气派的新的建筑文化。本土现代主义的运用更加普遍。如果说古风主义、新古典主义、新乡土主义和新民族主义的创作多少都带有些特殊的性质,与传统更富有内在的有机联系的话,那么,在更多情况下,建筑却不一定和传统有太多的直接关系。但这些优秀的建筑作品仍然是从中国大地上生长出来的,建筑师仍然没有忘记在多元创造中赋予这些作品以鲜明的时代感与中国气派。

第二节 现代建筑的分类与构成要素

一、现代建筑的分类

建筑可按不同的方式进行如下 4 种分类。

(一)按建筑的使用功能进行分类

按照建筑的使用功能,建筑可以分为民用建筑、工业建筑、农业建筑 3 种。

1. 民用建筑

供人们居住及进行社会活动等非生产性的建筑称为民用建筑。民用建筑又分为居住建筑和公共建筑。

(1)居住建筑:供人们生活起居用的建筑物,如住宅、公寓、宿舍等。

(2)公共建筑:供人们进行各种社会活动的建筑物。根据使用功能特点,又可分为:

行政办公建筑,如写字楼、办公楼等。

文教建筑,如学校、图书馆等。

医疗建筑,如门诊楼、医院、疗养院等。

托幼建筑,如幼儿园、托儿所等。

商业建筑,如商场、商店等。

体育建筑,如体育馆、游泳池、体育场等。

交通建筑,如车站、航空港、地铁站等。

通讯建筑,如广播电视台、电视塔、电信楼、邮电局等。

旅馆建筑,如宾馆、旅馆、招待所等。

展览建筑,如博物馆、展览馆等。

观演建筑,如剧院、电影院、杂技场、音乐厅等。

园林建筑,如动物园、公园、植物园等。

纪念建筑,如纪念碑、纪念堂、陵园等。

2.工业建筑

工业建筑是供人们进行工业生产活动的建筑。工业建筑包括生产用建筑及辅助生产、动力、运输、仓储用建筑,如机械加工车间、锅炉房、车库、仓库等。

3.农业建筑

农业建筑是供人们进行农牧业的种植、养殖、贮存等的建筑,如温室、畜禽饲养场、农产品仓库等。

(二)按建筑高度进行分类

1.低层建筑

低层建筑指建筑高度小于等于 10 m,且建筑层数小于等于 3 层的建筑。

2.多层建筑

多层建筑指建筑高度大于 10 m、小于等于 24 m 的其他公共建筑或建筑高不大于 27 m 的住宅建筑,包括设置商业服务网点的住宅建筑。

3.高层建筑

高层建筑指建筑高度大于 27 m 的住宅建筑和建筑高度大于 24 m 的非单层厂房、仓库和其他民用建筑。(不含单层主体建筑高度超过 24 m 的体育馆、会堂、剧院等公共建筑以及高层建筑中的人民防空地下室。)

4.超高层建筑

建筑高度超过 100 m 时,无论住宅或公共建筑均为超高层建筑。

（三）按承重结构的材料进行分类

1.砖木结构建筑

砖木结构建筑指用砖（石）砌墙体、木楼板、木屋顶的建筑。

2.砖混结构建筑

砖混结构建筑指用砖（石、砌块）砌墙体、钢筋混凝土楼板及屋顶的建筑。

3.钢筋混凝土结构建筑

钢筋混凝土结构建筑指用钢筋混凝土柱、梁、板承重的建筑。

4.钢结构建筑

钢结构建筑指主要承重结构全部采用钢材的建筑。

5.其他结构建筑

其他结构建筑包括生土建筑、充气建筑、塑料建筑等。

（四）按建筑物的规模分类

1.大型性建筑

大型性建筑指单体建筑规模大、影响大、投资大的建筑，如大型体育馆、机场候机楼、火车站、航空港等。

2.大量性建筑

大量性建筑指单体建筑规模不大，但建造数量多的建筑，如住宅、学校、中小型办公楼、商店等。

二、建筑的构成要素

建筑既表示建造房屋和从事其他土木工程的活动，又表示这种活动的成果——建筑物，也是某个时期、某种风格建筑物及其所体现的技术和艺术的总称，如隋唐五代建筑、明清建筑、现代建筑等。

建筑物是人们为从事生产、生活和进行各种社会活动的需要,利用所掌握的物质技术条件,运用科学规律和美学法则而创造的社会生活环境,如厂房、宿舍、会堂等。仅仅为满足生产、生活的某一方面需要建造的某些工程设施则称为构筑物,如水池、水塔、支架、烟囱等。任何建筑,都是由建筑功能、建筑的物质技术条件和建筑的艺术形象 3 个基本要素构成的。

(一)建筑功能

建筑功能是指建筑的用途和使用要求。建筑功能的要求是随社会生产和生活的发展而发展的,不同的功能要求产生不同的建筑类型,因此不同的建筑类型就有不同的建筑特点。

随着社会生产的发展、经济的繁荣、物质和文化水平的提高,人们对建筑功能的要求也会日益提高。各类房屋的建筑功能不是一成不变的,以我国住宅建筑为例,现在的面积指标和生活设施的安排等水平就大大高于 20 世纪 70 年代。所以建筑功能的日益丰富和变化,要受一定历史条件的影响。

(二)建筑的物质技术条件

任何建筑都是由建筑材料组成的,并且都具有一定的结构。而要把建筑材料组成建筑结构,形成一个完整的建筑物,还要靠施工技术。因此材料、结构和施工技术就构成建筑的物质要素。

随着科学技术的发展,新的建筑材料不断出现,引起建筑结构的发展,也同时促进了建筑生产技术的进步。材料、结构和施工技术的发展,使复杂的大型结构得以实现,使建筑日新月异。材料、结构和施工技术不仅是构成建筑的物质要素,同时也是实现建筑功能目的的重要手段。例如,由于钢材、水泥和钢筋混凝土的问世,建筑由低层发展到高层和超高层,由小跨度发展到大跨度。

建筑技术设备对建筑业的发展也起着重要作用,如电梯和大型起重设备的应用,促进了高层建筑的发展。

1. 人体的各种活动尺度的要求

人体的各种活动尺度与建筑空间有着十分密切的关系。为了满足使用活动的需要,应该了解人体活动的一些基本尺度。如幼儿园建筑的楼梯阶梯踏步高度、窗台高度、黑板的高度等均应满足儿童的使用要求;医院建筑中病房的设计,应考虑通道必须能够保证移动病床顺利进出的要求等。家具尺寸也反映出人体的基本尺度,不符合人体活动尺度的家具会给使用者带来不舒适感。

2.人的生理要求

人对建筑的生理要求主要包括人对建筑物的朝向、保温、防潮、隔热、隔声、通风、采光、照明等方面的要求,这些是满足人们生产或生活所必需的条件。

3.人的心理要求

建筑中对人的心理要求的研究主要是研究人的行为与人所处的物质环境之间的相互关系。不少建筑因无视使用者的需求,对使用者的身心和行为都会产生各种消极影响,如居住建筑的私密性和与邻里沟通的问题。再如,老年居所与青年公寓由于使用主体生活方式和行为方式的巨大差异,对具体建筑设计也应有不同的考虑,如若千篇一律,将会导致使用者心理接受的不利。

(三)建筑的艺术形象

建筑的艺术形象是建筑体型、立面式样、建筑色彩、材料质感、细部装修等的综合反映。建筑的艺术形象处理得当,就能产生一定的艺术效果,给人以一定的感染力和美的享受。例如我们看到的一些建筑,往往给人或庄严雄伟或朴素大方又或生动活泼的感觉,这就是建筑艺术形象的魅力。

不同时代的建筑有不同的艺术形象,例如古代建筑与现代建筑的艺术形象就不一样。不同民族、不同地域的建筑也会产生不同的艺术形象,例如汉族和藏族、南方和北方,都会形成本民族、本地区各自的建筑艺术形象。

建筑3要素彼此之间是辩证统一的关系,不能分割,但又有主次之分。建筑功能是起主导作用的因素;建筑物质技术条件是达到目的的手段,但是技术对功能又有约束和促进的作用;建筑的艺术形象是功能和物质技术条件的反映,但如果充分发挥设计者的主观作用,在一定功能和技术条件下,可以把建筑设计得更加美观。

第三节 现代建筑设计的特点、原则与内容

一、现代建筑设计的特点

建筑设计根据建筑物的使用性质、所处环境和相应标准,运用物质技术手段和建筑美学原理,创造功能合理、舒适优美、满足人们物质和精神生活需要的室内外空间环境。设计构思时,需要运用物质技术手段,即各类装饰材料和设施设备等;还需要遵循建筑美学原理,综合考虑使用功能、结构施工、材料设备、造价标准等多种因素。

如从设计者的角度来分析建筑设计的方法,主要有以下 3 点。

(一)总体与细部深入推敲

总体推敲即是建筑设计应考虑的几个基本观点,有一个设计的全局观念。细处着手是指具体进行设计时,必须根据建筑的使用性质,深入调查,收集信息,掌握必要的资料和数据,从最基本的人体尺度、人流动线、活动范围和特点、家具与设备的尺寸和使用它们必需的空间等方面着手。

(二)里外、局部与整体协调统一

建筑室内外空间环境需要与建筑整体的性质、标准、风格以及室外环境协调统一,它们之间有着相互依存的密切关系,因而设计时需要从里到外、从外到里多次反复协调,使其更趋于完善合理。

(三)立意与表达

设计的构思、立意至关重要。可以说,一项设计没有立意就等于没有"灵魂",设计的难度也往往在于要有一个好的构思。一个较为成熟的构思,往往需要足够的信息量,有商讨和思考的时间,在设计前期和出方案过程中使立意逐步明确,形成一个好的构思。

二、现代建筑设计的原则

（一）建筑设计的一般性原则

建筑设计是一项政策性和综合性较强、涉及面广的创作活动,其成果不仅能体现当时的科学技术水平、社会经济水平、地方特点、文化传统和历史影响,还必然受到当时有关建筑方针政策的制约。建筑设计除应执行国家有关工程建设的方针政策外,还应遵循下列基本原则:

(1)坚决贯彻国家的有关方针政策,遵守有关的法律法规、规范和条例。

(2)遵守当地城市规划部门制定的城市规划实施条例。建筑设计必须服从城市规划的总体安排,充分考虑城市规划对建筑群体和个体的基本要求,使建筑成为城市的有机组成部分。具体的讲,有规划部门指定用地红线、建筑密度、容积率和绿化率等。

(3)考虑建筑的功能和使用要求,创造良好的空间环境,以满足人们生产、生活和文化等各种活动的需要。

(4)建筑设计的标准化应与多样化结合。在建筑构配件标准化和单元设计标准化的前提下,应注意建筑空间组合、形体和立面处理的多样化。建筑不仅应具备时代特征,还应具有寓于时代性之中的个性。

(5)考虑建筑的内外形式,创造良好的建筑形象,以满足人们的审美要求。

(6)建筑环境应综合考虑防火、抗震、防空和防洪等安全功能和设施。在设计时必须遵照相应建筑规范和建筑标准,采取必要的安全措施,以确保人民的生命财产安全。

(7)体现对残疾人、老年人的关怀,为他们的生活、工作和社会活动提供无障碍的室内外环境。

(8)考虑材料、结构与设备布置的可能性与合理性,妥善解决建筑功能和艺术要求与技术之间的矛盾。

(9)考虑经济条件,创造良好的经济效益、社会效益、环境效益和节能减排的环保效益。考虑施工技术问题,为施工创造有利条件,并促进建筑工业化。

(10)在国家或地方公布的各级历史文化名城、历史文化保护区、文物保护单位和风景名胜区实施的各项建设,应按国家或地方制定的有关条例和保护规划进行。注意不破坏原有环境,使新建筑物与环境协调,从而突出或加强应当保护的文物、景观及环境。

（二）建筑设计的基本原则

"适用、经济、在可能的条件下注意美观"是1953年我国第一个五年计划开始时提出来的建筑设计的基本原则。适用是指合乎我国经济水平和生活习惯,包括满足生产、生活或文化等各种社会活动需要的全部功能使用要求。经济是指在满足功能使用要求、保证建筑质量的前提下,降低造价,节约投资。美观是指在适用、经济条件下,使建筑形象美观悦目,满足人们的审美要求。"适用、经济、在可能的条件下注意美观"说明三者的关系既辩证统一,又主次分明。因此它符合建筑发展的基本规律,反映了建筑的科学性。

由于建筑本身包括功能、技术、经济、艺术等多方面的因素,因此在坚持建筑设计的基本原则的同时,还必须考虑相关方面的方针政策和规范的要求。例如在规划方面,要贯彻"工农结合、城乡结合,有利生产,方便生活"的方针;在技术方面,要贯彻"坚固适用,技术先进,经济合理"的方针;在艺术方面,要贯彻"古为今用,洋为中用,百花齐放,百家争鸣"的方针等。

此外,由于我国幅员辽阔,民族众多,各地的自然条件、经济水平、生活习惯等都不尽相同,因此在进行具体设计时,还必须根据具体情况,从实际出发来贯彻建筑设计的基本原则。

在建筑设计中,要完全达到适用、经济、美观,往往是有矛盾的。建筑设计的任务就是要善于根据设计的基本原则,把这三者有机地统一起来。

三、现代建筑设计的内容

一项建筑工程从拟定计划到建成使用都要经过编制设计任务书、审定设计指标及方案、选址及场地勘测、建筑工程设计、施工招标与组织、配套及装修工程、试运行及交付使用、回访总结这几个环节。

建筑工程设计是指设计一幢建筑物或一个建筑群所要做的全部工作,包括建筑设计、结构设计和设备设计3方面的内容。人们习惯上将之统称为建筑设计。从专业分工的角度确切来说,建筑设计是指建筑工程设计中由建筑师承担的那一部分设计工作。

（一）建筑设计

建筑设计可以是一个单项建筑物的建筑设计,也可以是一个建筑群的总体设计,一般由注册建筑师来完成。建筑设计就是指根据审批下达的设计任务书和国家有关的政策规定，综合分析建筑功能、建筑规模、建筑标准、材料供应、施工水平、地段特点和气候条件等因素，运用科学技术知识和美学方案，正确处理各种要求之间的相互关系，为创造良好的空间环境提供方案和建造蓝图。建筑设计在整个工程设计中起着主导和先行的作用，包括建筑空间环境的组合设计和构造设计两部分内容。

1. 建筑空间环境的组合设计

这一部分是通过建筑空间的规定、塑造和组合，综合解决建筑物的功能、技术、经济和美观等问题，主要通过建筑总平面设计、建筑平面设计、建筑剖面设计、建筑体型与立面设计来完成。

2. 建筑空间环境的构造设计

这一部分主要是确定建筑物各构造组成部分的材料及构造方式，包括对基础、墙体、楼地层、楼梯、屋顶和门窗等构配件进行详细的构造设计，也是建筑空间环境的组合设计的继续和深入。

（二）结构设计

结构设计是根据建筑设计方案选择切实可行的结构布置方案，进行结构计算及构件设计，一般由结构工程师完成。

（三）设备设计

设备设计主要包括给水排水、电气照明、采暖、通风、空调和动力等方面的设计，由有关专业的工程师配合建筑设计来完成。

建筑设计是在反复分析比较后，与各专业设计协调配合，贯彻国家和地方的有关政策、标准、规范和规定，并经反复修改才逐步完成的。各专业设计的图纸、计算书、说明书及预算汇总，构成一项建筑工程的完整文件，作为建筑工程施工的依据。

第二章 现代建筑外部空间设计与群体组合

合理的外部空间组合,不仅有利于建筑内部空间处理,而且也可以从群体关系的角度解决采光、通风、朝向、交通等方面的功能问题。并且合理的外部空间组合,能够有机地处理个体与群体、空间与体型、绿化与小品之间的关系,从而使建筑空间与自然环境相互衬托,并与周围的建筑共同组合成为一个统一的有机整体,既可增加建筑本身的美感,又可达到丰富城市空间的目的。本章主要对建筑外部空间设计与外部空间组合、建筑外部空间处理与环境质量、建筑外部场地与建筑小品设计做了分析与阐述。

第一节 建筑外部空间设计与外部空间组合

一、建筑外部空间设计

(一)建筑外部空间设计的内容

建筑群外部空间设计的内容主要包括以下几个方面。

1. 确定建筑物的位置和形状

根据建筑环境(地形的宽窄、大小、起伏变化、周围建筑物的布局和建筑外观、城市道路的布局、自然环境保护等)的特定条件和建筑群各部分的使用性质、规模等进行功能分区,恰当地、紧凑地选定建筑物的位置,并确定建筑物的形状,选择合适的群体组合方式。

2.布置道路网

根据建筑群的位置、城市道路的布局以及车流、人流的安全畅通,合理布置建筑群内部的道路网络,确定主次干道和主次出入口,处理好建筑群内部道路与城市道路之间的衔接关系。

3.布置建筑小品与绿化

为了改善环境气候和环境质量,根据建筑群的性质和外部空间气氛特点的要求,合理布置绿化(不同的树种、树型、花卉、草坪等)和设置建筑小品(亭、廊、花窗景门、坐凳、庭院灯、小桥流水、喷泉、雕塑等),这是建筑群外部空间设计不可缺少的艺术加工的部分。

4.竖向设计

根据建筑群所处地段的地形变化、各建筑物的使用要求及相互间的联系,综合考虑土石方工程量、市政工程设施、经济等因素,确定各建筑物的室内设计标高和室外各部分的设计标高,创造一个既统一完整又具有丰富变化的群体外部空间。

5.保证建筑群的环境质量

根据各建筑物的使用性质,在确定建筑物位置和形状的同时,还应当使各建筑物具有良好的朝向、合理的自照间距、自然通风以及安全防护条件,以保证建筑群具有良好的环境质量。

6.考虑消防要求

在考虑日照、通风间距的同时,应根据各幢建筑物的使用性质,按防火规范的要求,保证一定的防火间距,并设置必要的消防通道,确保防火安全。

7.考虑群体空间的艺术效果

在满足功能、技术要求的前提下,运用各种形式美的规律,按照一定的设计意图,充分考虑建筑群的性格特征,创造出完整统一的群体空间,以满足人们的审美要求。

（二）建筑外部空间设计的技术准备工作

1.收集基本资料

1）建设地段及近邻的现状情况

建设地段及近邻的现状情况是外部空间设计和群体组合时放在首位的一项基础资料。要了解这些资料，首先要掌握一定比例的地形图，然后进行实地踏勘，了解它们之间的相互关系，以便合理地利用或者采取相应的改造措施。

2）城镇规划意图

在进行外部空间设计和群体组合之前，应当掌握建设地段在城镇总体规划中的地位和作用，以及近期发展情况，了解规划对建设地段建筑规模、高度以及群体的艺术效果等方面的要求。

3）市政设施的现状情况

市政设施主要指城市给排水、供热、供气、供电、通信、交通、人防等。各种市政设施都会不同程度地影响建筑群内部的布局和各种管线的布置以及道路网组织。因此，在进行外部空间设计和群体组合之前，必须对各种市政设施情况有一个清楚的了解。

除以上几方面基础资料以外，日照、地方特点以及民俗习惯、文化等方面也对建筑群的设计有直接影响。总之，基础资料的收集是一项极为重要的工作，有了足够充分的基础资料，才能保证外部空间设计和群体组合的顺利进行。

2.分析设计资料

1）建设地段的地形分析

为了合理利用地形，充分发挥土地的使用效率，节省工程建设费用，对建设地段的自然地形进行必要的分析是很有价值的。对自然地形的分析，是根据自然地形的特点，划分出不同性质特征的地区范围，以便在建筑群体布局时，根据建筑物的使用特点，正确选择各自相应的地段。

分析建设地段的地形，并标注在地形图上，从而形成用地分析图，主要从以下几个方面进行：

（1）根据自然地形特点，用不同的线型划出不同地面坡度的地区范围。如平坦的建设地段可分为2%以下、2%～5%、5%～8%、8%以上几级，山地丘陵地段可分为3%以下、3%～10%、10%～25%、25%～50%、50%～100%、100%以上几级。

（2）根据自然地形找出分水线、汇水线和地面水流方向。

（3）须进一步研究使用方式和采取改造措施的特殊地段，如冲沟、滑坡、沼泽、漫滩等地，应单独划分范围。

2）建设地段房屋现状分析

依据地形图（1/500 为最佳）协同各有关部门与单位，对用地范围的所有现存建筑进行调查与分析，查明建筑面积、建筑层数、结构用材及建筑质量等级。确定不允许拆除的建筑、改造利用的建筑、保留的建筑、可拆除建筑等几个类型，可采取图示的方式标注在地形图上，以便在总平面设计时做到充分利用现有基础，可不拆的就不拆，可利用的就利用；对不拆除的永久性建筑的风格、色彩等须在总体设计中同新建筑统一协调。

3）建设地段道路系统现状分析

根据地形图结合实际踏勘，查明各种类型道路的路面质量，核实各类路面宽度与断面形式及其坡度情况，可用图示标注在地形图上，构成道路系统现状分析图。该图对总体设计中决定道路的保留、改造和废弃有参考价值。

此外，在现场踏勘时还应调查人流和货流的方向、流量大小以及高峰时间。同时应进一步分析人流状况的心理，例如上班上学的人流在时间上集中、心理紧张，要求速度快、行走路线短捷，而那些游览的人流则在心情上是轻松的，行走的速度是较缓慢的。这些因素同样影响到道路的布局和道路的景观设计。

二、建筑外部空间组合

（一）自由式空间组合

自由式空间组合不受对称性控制，可以根据建筑的功能要求和地形条件机动地组合建筑（见图 2-1）。这种组合形式灵活性大，适应性广，但要防止杂乱无章。自由式空间组合，也可称为不对称式的空间组合。

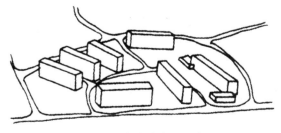

图 2-1　自由式空间组合

自由式空间组合的特点,主要包括以下3个方面:

(1)建筑群体中的各建筑物的格局,随各种条件的不同,可自由、灵活地布局。

(2)根据功能要求布置各栋建筑,其位置、形状、朝向的选择比对称式布局灵活、随意;并可利用柱廊、花墙、敞廊等将各建筑物联结起来,形成丰富多变的建筑空间。

(3)各建筑物顺应地形的曲直、弯转而立,随着环境的变异而融于大自然的怀抱,形成灵活多变、巧妙利用自然风貌的和谐的建筑空间。

由于上述一些特点,这种自由式空间组合在各种民用建筑群体组合中被大量采用,并获得了良好的效果。

塘沽车站位于天津市远郊,与塘沽新港接邻。市郊旅客和国际宾客较多,站前广场用地狭窄且不规则,因此该群体设计采用了圆形候车大厅与庭院相结合的不对称的空间布局,使城市干道与站前广场斜交,并将候车大厅的人口对着城市干道的轴线,使来往的人流在临近广场的干道上就可以看到车站的主体建筑全貌,做到了建筑体型与广场总体布局相适应,并形成了别具一格的建筑空间(见图2-2、图2-3)。

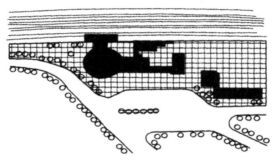

图 2-2　塘沽车站总体布局

图 2-3　塘沽车站局部效果

（二）对称式空间组合

对称式空间组合通常以建筑群体中的主要建筑的中心为轴线,或以连续几栋建筑的中心为轴线,两翼对称或基本对称布置次要建筑,对道路、绿化、建筑小品等采取均衡的布置方式,形成对称式的群体空间组合;还有一种方式是两侧仍均匀对称地布置建筑群,中央利用道路、绿化、喷泉、建筑小品等形成中轴线,从而形成较开阔的空间组合(见图2-4、图2-5)。

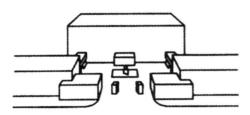

图 2-4 以主体建筑为对景的对称式

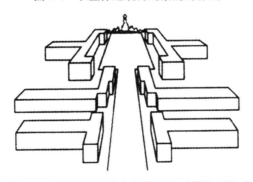

图 2-5 以人文景观或自然景观为对景的对称式

对称式空间组合具有以下几方面的特点:

(1)建筑群中的建筑物彼此间不存在严格的功能制约关系,在其位置、体型、朝向等在不影响使用功能的前提下,可根据群体空间的组合要求进行布置。

(2)对称式空间组合容易形成庄严、肃穆、井然的气氛,同时也具有均衡、统一、协调的效果,对党政机关等类型建筑群较为适应。

(3)对称式空间组合不仅是对建筑群而言,同时道路、绿化、旗杆、灯柱以及建筑小品等也对称或基本对称布置,起到加强建筑群外部空间对称性的作用。

(4)对称式布局所形成的空间形式,有可能是封闭式,也有可能是开敞式或者其他形式,这主要根据建筑群的性质、数量、规模以及基地情况进行布置。

北京天安门广场的空间组合是采取对称式布局的典型实例(见图 2-6)。这里是祖国首都的中心,是富有历史意义和政治意义的地方,一些规模宏大的游行检阅会选择在这里举行;这里是我国人民革命胜利的象征,并显示出祖国建设的辉煌成就及社会主义无限广阔的前程。因此,天安门广场的空间组合表现出雄伟、壮丽、庄严和开阔的空间效果。

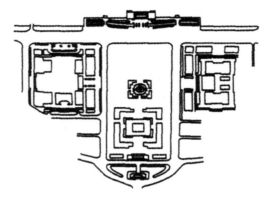

图 2-6 天安门广场空间布局

(三)庭院式空间组合

庭院式空间组合是由数栋建筑围合成一座院落或层层院落的空间组合形式,它能适应地形的起伏以及弯曲湖水的隔挡,又能满足各栋建筑功能要求,是既有一定隔离又有一定联系的空间组合。这种组合多借助廊道、踏步、空花墙等小品形成多个庭院,更有利于与自然景色、不同环境互相渗透、互相陪衬,从而形成别具一格的群体空间组合(见图 2-7)。

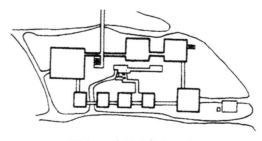

图 2-7 庭院式空间组合

对于建筑规模比较大而平面关系既要求适当展开又要求联系紧凑的建筑群，由于分散布置或大分散小集中布置都不能满足功能和建筑空间艺术的要求，为了解决建筑群要求的特殊性与地形变化之间的矛盾，采取内外空间相融合的层层院落的布置方式是比较成功的。若干院落可以保证建筑群内部各部分之间的相对独立性，而院落的层层相连又保证了建筑群内部紧密的联系。院落可大可小，基底位置可高可低，层叠的院落可左可右，从而充分利用大小台地，使建筑的基底同变化的地形做到充分吻合。这种布置形式不仅能够满足功能要求和工程技术经济要求，而且变化的空间艺术构图也能增加建筑艺术的感染力。

韶山毛泽东旧居纪念馆建筑在距离毛泽东旧居 600 m 左右的引凤山下，建筑地段自东南向西北倾斜，面向道路，背依群山；建筑物掩映于山林之间，与旧居周围自然朴实的环境相协调，充分保持了韶山原有的风貌。空间组合采取内庭单廊形式。建筑结合地形，利用坡地组成高低错落、形式与大小各不相同的内庭（见图 2-8）。

图 2-8　毛泽东旧居纪念馆

（四）综合式空间组合

对一些功能要求比较复杂的建筑群，或因其他特殊要求，或因地段条件的差异，用上述单一的组合方式不能恰当地解决问题时，往往采用两种或两种以上的综合式空间组合。这种组合方式可兼顾上述组合方式的特点，既可形成严谨庄重的对称布局，也可以自由灵活地布置建筑物，营造丰富多变的建筑空间，更能有效地适应多变的地形和较好地结合自然环境。因此规模较大和地形复杂的建筑群，往往采用这种空间组合方式。

北京农业展览馆，由于各馆之间没有严格的参观顺序要求，为了突出主体和形成庄严、雄伟的空间效果，主体综合馆采用了对称式空间组合。但是，由于各分馆的规模不同，以及地形的限制，在这样规模庞大的建筑群中完全采用对称式布局是不现实的，特别是在群体南面保留了旧馆建筑群，更不适宜机械地采用对称手法。这组建筑群，尽管主体综合馆采用了对称式组合，但就全体而言仍然是不对称的，这种布局可以说是综合地运用了对称与不对称的两种组合形式（见图 2-9）。

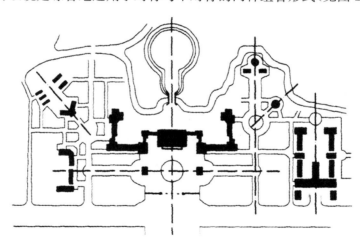

图 2-9　北京农业展览馆总体布局

第二节 建筑外部空间处理与环境质量

一、建筑外部空间处理

(一)外部空间的对比与变化

在建筑群外部空间组合中,通常利用空间的大与小、高与矮、开敞与封闭以及不同形体之间的差异进行对比,可以打破呆板、千篇一律的单调感,从而取得变化的效果。在利用这些对比手法时,应注意变而有治、统而不死,使群体组合既具有特色,又能构成一种统一和谐的格调。在我国古典庭院中,利用空间的对比与变化的手法最为普遍,并取得了良好的效果。

苏州留园入口处的空间对比是很成功的。为了增加欲放先收的对比效果,不仅使人们先经过曲折狭长的空间,而且还利用光线明暗的对比,使人们穿过一段幽暗的过道,之后再将开敞而明亮的空间展现在人们面前。这种利用空间的纵横收放、明与暗的对比会使人感到豁然开朗,达到一种十分强烈的对比效果。这一段空间所形成的一幅幅画面明暗相间,彼此烘托、陪衬,很有一番情趣。在现代外部空间的处理中,也同样运用对比与变化这一手法。

(二)外部空间的渗透与层次

在建筑群体组合中,通常借助建筑物空廊、门窗、门洞等和自然界的树木、山石、湖水等,把空间分隔成若干部分,但又不使这些被分隔的空间完全隔绝,而是有意识地通过处理使部分空间适当连通,这样做可以使建筑空间和自然环境相互因借,或者使两个或两个以上的空间互相渗透,从而极大地丰富空间的层次感。

在群体组合中,通常采用下列几种方法来丰富空间的层次:

(1)通过门洞或景框将空间分割开来,使人们从一个空间观赏另外一个空间,借助门洞或景框将空间分成内外两个层次,并通过它们互相渗透增加层次感。这种手法不论在我国古典建筑或是西方古典建筑,也不论是在现代建筑中,都经常运用。

在传统的四合院民居建筑中,通常沿中轴线设置垂花门、敞厅、花厅等透空建筑,使人们进入前院便可通过垂花门看到层层内院,给人以深远的感觉。这样的设计可通过院落之间的渗透,丰富空间的层次(见图2-10)。

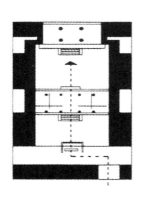

图 2-10　四合院民居的空间层次

通过威尼斯圣马可广场高大的拱门观看圣马可广场的钟塔以及远方的总督府建筑,会给人以空间层次深远的感觉(见图2-11)。

图 2-11　通过拱门看圣马可广场的钟塔

(2)通过敞廊从一个空间看另外一个空间,借敞廊将空间分为内外两个层次,并通过它互相渗透。

例如,站在穆尔西亚新市政厅阳台上通过前面的柱廊可看到大教堂和钟塔的壮丽景色,这会让人感到建筑层次深远,空间丰富。

(3)通过建筑物架空的底层从一个空间看另外一个空间,用建筑物把空间分隔为内外两个层次,并通过架空的底层而互相渗透。由于结构和技术的发展,近代建筑或高层建筑往往把底层处理为透空的形式,从而使建筑物两侧的空间相互渗透。

日本广岛和平纪念馆也是采用底层架空的做法(见图 2-12)。这个架空的底层起到了既分割空间又不隔断空间的效果,使广场更为广阔深远,使得整个广场都可以看到放在地上的巨大马鞍形纪念碑(见图 2-13),充分表现出了和平纪念馆的含义。

图 2-12　底层架空的广岛和平纪念馆

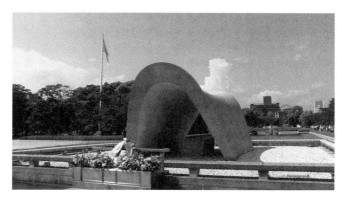

图 2-13　马鞍形纪念碑

除此之外,利用通过相邻两幢建筑之间的空隙从一个空间看另外一个空间或者利用树丛从一个空间看另外一个空间等手法,都可以获得极其丰富的外部空间的层次变化。

（三）外部空间的序列组织

在建筑群外部空间构成中，多数由两个或两个以上的空间进行组合，这里就出现一个先后顺序的安排问题。这种空间顺序主要是根据空间的用途和功能要求来确定的，它的很大一个特点就是与人流活动的规律密切相关，也就是说在整个序列中，人们视点运动所形成的动态空间与外部空间是和谐完美的，并可使人们获得系统的、连续的、完整的画面，从而给人留下深刻的印象并能充分发挥艺术感染力。

外部空间的序列组织是带有全局性的，它关系到群体组合的整个布局。通常采用的手法是先将空间收缩然后开敞，随着顺序前进然后再收缩，再开敞，引出高潮的到来后再收缩，最后到尾声，整个序列组织也告结束。

这种沿着中轴线向纵深发展的空间序列，明清故宫是个很好的例子。人们从金水桥进天安门空间极度收缩，过天安门门洞又复开敞；紧接着经过端门至午门，由一间间建筑围成又深远又狭长的空间，直至午门门洞空间再度收缩；过午门至太和门前院，空间豁然开朗，预示着高潮即将到来；过太和门至太和殿前院达到高潮；再向前移动是由太和、中和、保和三殿组成的"前三殿"，相继而来的是"后三殿"，与前三殿保持着大同小异的重复；再往后是御花园，至此，空间气氛由庄严变为小巧宁静，也就预示着空间序列即将结束。在整个序列组织中，通过空间大小、明暗、高矮以及纵横的对比使空间富有变化，又具有完整的连续性。

（四）外部空间的视觉分析

人们在建筑群中的活动规律通常是处于动态的观赏，但也会出现静态的观赏。尽管"静"是相对的，"动"是绝对的，但在群体组合时，结合功能有意识地组织这些停顿点，使之成为主要观赏点来欣赏空间的艺术效果是必要的。

空间构图的重要因素之一是景的层次，通常人们在一定观赏点作静态观赏时，空间层次可分为远、中、近三层景色。远景只呈现大体的轮廓，建筑体量不甚分明；中景则可看清楚建筑全貌；而近景则显出清楚的细部。通常中景是作为观赏的对象，是主题所在；而远景是它的背景，起衬托作用；近景则成为景面的边框或透视引导面。

研究上述的空间构图，一般利用视觉分析来确定建筑物的位置、高度、体量与道路、广场、庭院的比例关系。为了满足人们观赏建筑物的视觉要求，应该研究人们的垂直视角和水平视角，以便确定建筑群空间的尺度，满足人们观赏建筑群的完美艺术效果的愿望。

1.垂直视角

按人们的视角特点,观赏的对象应该处于 20°仰角的视线之内。这时人们就可以较好地观赏这个建筑群。如果人们眼帘稍上移,就使仰角扩大到 30°左右,如果仰角超过 45°,这时人们不仅不能被建筑群总的气势的表现力所感染,就连建筑物的全貌也难于被人们所感受。这些视角的要求,早在古代的建筑实践中就被运用过。

例如:

"建筑物三倍高度的距离"(仰角为 18°),实质就是指这个视点是看建筑群体全景的。

"建筑物二倍高度的距离"(仰角为 27°),实质就是指这个视点是近景看个体的。

"建筑物一倍高度的距离",实质是指这个视点的仰视角达到了 45°,就是观赏单体建筑的极限视点。

古今中外大量的实例分析都得出这样的结论:人们观赏建筑群的最佳仰角为 18°,观赏个体建筑的最佳近视点为 27°,其最大仰视限度不应超过 45°。如果超过 45°,不仅易造成视角疲劳,而且也会由于仰视角过大使观赏的对象产生严重的透视变形。当然,在人们走近建筑时必然会使观赏视角超过 45°,这时就应该有新的观赏对象来接替。如果只有一幢建筑,那么新的观赏对象可以是建筑的细部或建筑的局部装饰。如果是一群建筑,那么就可以由另一幢建筑来接替,接替时仍可以再次重复使用 18°、27°、45°仰角的关系进行有机的过渡。

2.水平视角

根据视角的分析,除仰角限制观赏对象的高度外,水平视角也约束着观赏对象的宽度,因为人们视觉器官的最佳水平视角是不超过 60°的。从建筑实践中也证明"等于建筑物宽度的距离"的视点,实际上就是指这个视点的水平视角是 54°。因此,在总体规划设计中对主要建筑平面空间尺寸的确定,不仅要考虑垂直视角的效果,同时也应考虑水平视角的特点,以满足人们观赏建筑群体的视角要求,使之充分发挥建筑空间的艺术效果。北京明清故宫建筑群是最富代表性的实例。天安门广场上的毛主席纪念堂建筑,也较合理地考虑了视线特点。

因此,一个建筑群的总体布局如认真考虑了垂直视角和水平视角的特点,就会使活动在建筑群里的人们观赏建筑群的视角要求充分得到满足。特别是当一个建筑群按 18°、27°的仰角决定其高度时,那么在 27°仰角的视点上应尽量争取运用 54°的水平视角,使其既满足垂直方向 27°的要求,又满足水平视角 54°的要求,那么这个视点就可以称得上是观赏建筑物的最佳近视点。如果建筑群体空间设计能满足上述视觉特点的要求,就可以使建筑群的艺术感染力充分为人们所感受。

二、建筑外部环境质量

(一)朝向

确定建筑的朝向应将太阳辐射强度、日照时间、常年主导风向等因素综合加以考虑。通常人们要求建筑的布局能使室内冬暖夏凉。长期的生活实践证明,南向是最受人们欢迎的建筑朝向。从建筑的受热情况来看,南向在夏季受太阳照射的时间虽然较冬季长,但因夏季太阳较大,从南向窗户照射到室内的深度和时间都较少。相反,冬季太阳较小,从南向窗户照进房间的深度和时间都比夏季多,这就有利于夏季避免日晒而冬季可以利用日照。

但是,在设计时不可能把房间都安排在南向,因此每一个地区的建筑都可以根据当地的气候、地理条件选择合适的朝向范围。

建筑的主要房间布置在一侧时,分析最热月七月和最冷月一月的太阳辐射强度、风速风向气象资料可知南偏东和南偏西各 30°的范围内夏季太阳辐射强度最小,而冬季最大,根据夏季最热时间发生在每天 13:00—15:00 时的太阳辐射强度和室外气温变化,综合考虑可知南偏西 15°到南偏东 30°为宜。但当建筑物两侧都设置主要房间时,则应从建筑物正、背面两个方向同时加以综合考虑。南偏东 15°虽然比南偏西 15°方向稍好,但由于西北向下午受到强烈日晒,加上气温很高,还不如采取南偏西 15°,即另一面为北偏东 15°方向为宜。

建筑朝向的选择应综合多种因素进行考虑,除以上因素外,建筑所处的地理位置、地方气候都直接影响着建筑朝向。因此,在建筑群总体布置时要依照具体情况具体分析,选择较为理想的朝向。

(二)间距

1.日照间距

为保证卫生条件应满足房间内有一定的日照时间,这就要求建筑物之间必须有合理的日照间距,使之互不遮挡。

日照间距的计算一般以冬至日中午正南方向太阳能照到建筑底层的窗台高度为依据。寒冷地区可考虑太阳能照到建筑物的墙脚,以达到室内外有较好的日照条件。如图 2-14 所示,可通过以下公式求日照间距:

$$D(日照间距)＝H(前排建筑檐口至地面高度)×R(日照间距系数)$$

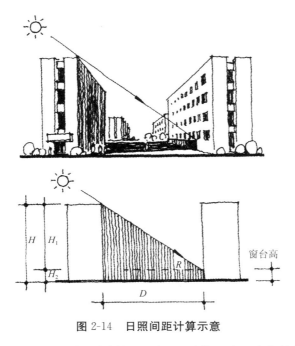

图 2-14　日照间距计算示意

我国不同城市或地区会有不同的日照间距系数,可通过有关技术规范直接查得,并根据相应日照间距系数求得相邻建筑的间距。我国部分城市的日照间距约在 $1\sim1.7H$ 之间。一般越往南的地区日照间距越偏小,相反往北则偏大。

例如,四川的日照间距为 $1\sim1.3H$,福州的日照间距为 $1.18H$,南京为 $1.47H$,济南为 $1.76H$。通常建筑间距由日照间距计算确定,但由于各地具体条件不同,各类建筑物的要求不同,所以在实际采用上与理论计算的间距有所差异。

2. 通风间距

周围建筑物尤其是前幢建筑物的阻挡和风吹的方向有密切的关系。为了使建筑物获得良好的自然通风,当前幢建筑物正面迎风,如需后幢建筑迎风窗口进风,建筑物的间距一般要求在 $4\sim5H$ 以上。从用地的经济性来讲是不可能选择这样的标准作为建筑物的通风间距的,因为这样大的建筑间距使建筑群非常松散,既增加道路及管线长度也浪费了土地面积。因此,为了使建筑物既有合理的通风间距,又能获得较好的自然通风,通常采取夏季主导风向同建筑物成一个角度的布局形式。

实验证明:当风向入射角在 30°～60°时,各排建筑迎风面窗口的通风效果比其他角度或角度为零时都显得优越。当风向入射角在 30°～60°时,选取建筑间距为 $(1:1)H$、$(1:1.3)H$、$(1:1.5)H$、$(1:2)H$ 分别进行测试,得知 $(1:1.3)H$～$(1:1.5)H$ 间距的通风效果较为理想。$(1:1)H$ 间距,中间各排建筑的通风效果较差,而 $(1:2)H$ 间距的通风效果提高甚微。

因此,为了节约用地而又能获得较为理想的自然通风效果,建议呈并列布置的建筑群,其迎风面尽可能同夏季主导风向成 30°～60°的角度,这时建筑的通风间距取 $(1:1.3)H$～$(1:1.5)H$ 为宜。

3. 防火间距

确定建筑间距时,除了应满足日照、通风要求外,也必须满足防火要求。防火间距根据我国的《建筑设计防火规范》(GB 50016—2014)的要求选定。

根据日照、通风、防火等综合要求,建筑物间距常采用 $(1:1.5)H$。但由于各类建筑所处的周围环境不同,各类建筑布置形式及要求不同,建筑间距也略有不同。如中小学校由于教学特点,教学用房的主要采光面距离相邻房屋的间距最少不小于相邻房屋高度的 2.5 倍,但也不应小于 12 m。Ⅲ 及 Ⅱ 形体的房屋两侧翼间距不小于挡光面房屋高度的 2 倍,也不应小于 12 m。又如医院建筑由于医疗的特殊要求,在总平面布局中,当阳光射入方向上有建筑物时,其间距应为建筑物高度的 2 倍以上。1～2 层的病房建筑,每两栋间距约为 25 m;3～4 层的病房建筑,每两栋间距约为 30 m;传染病房的建筑间距约为 40 m。因此在进行总平面设计时,要合理地选择建筑间距,既要满足建筑的功能要求,又要考虑节约用地,减少工程费用。

第三节　建筑外部场地与建筑小品设计

一、建筑外部场地

场地设计是针对基地内建设项目的总平面设计,依据建设项目的使用功能要求和规划设计条件,在基地内外的现状条件和有关法规、规范的基础上,人为地组织与安排场地中各构成要素(包括建筑物、景观小品、广场、绿地、停车场、地下管线等)之间关系的活动。场地设计使场地中的各要素尤其是建筑物,与其他要素形成一个有机整体,提高基地利用的科学性,同时使建设项目与基地周围环境有机结合,产生良好的环境效益。

(一)场地设计的概念

建筑设计中所涉及的外界因素范围很广,包括气候、地域、日照、风向到基地面积、地貌以及周边环境、道路交通等各个方面。关注建筑总体环境,综合分析内部、外部等综合因素,进而进行场地设计,是建筑设计工作的重要环节。

场地设计的概念在国外早已被普遍接受,这与国外严格的城市规划管理紧密相联。近年来随着我国城市规划方面不断发展并与国际接轨的要求,特别是1991年起开始实施的国家注册建筑师考试制度,场地设计在国内受到重视,各大专院校建筑学专业也相继把场地设计作为专门课程独立开设。

场地设计是对工程项目所占用地范围内,以城市规划为依据,以工程的全部需求为准则,根据建设项目的组成内容及使用功能要求,结合场地自然条件和建设条件,对整个场地空间进行有序与可行的组合,综合确定建筑物、构筑物及场地各组成要素之间的空间关系,合理解决建筑空间组合、道路交通组织、绿化景观布置、土方平衡、管线综合等问题;使建设项目各项内容或设施有机地组成功能协调的一个整体,并与周边环境和地形相协调,形成场地总体布局设计方案。这意味着它是一个整合概念,是将场地中各种设施进行主次分明、去留有度、各得其所的统一筹划。由此可见,它是建筑设计理念的拓宽与更新,更是不可或缺的设计环节。

随着设计体制的改革,建筑市场未来将与国际市场接轨,场地设计这一课题将越来越具有积极的现实意义。另外,随着我国经济的健康发展,社会对城镇空间品质的要求越来越高,场地设计在城镇建设过程中将起到不可替代的作用。

(二)场地设计的自然条件

场地的自然条件是指场地的自然地理特征,包括地形、气候、工程地质、水文及水文地质等条件,它们在不同程度上对场地的设计和建设产生影响。

1.地形条件

地形大体可分为山地、丘陵和平原等,在局部地区可细分为山坡、山谷、高地、冲沟、河谷、滩涂等(见图 2-15、图 2-16)。

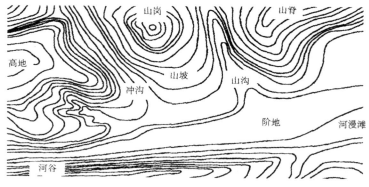

图 2-15　等高线地形图

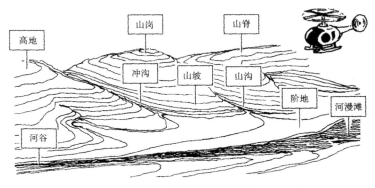

图 2-16　局部地区地形图

建筑场地设计中通常采用 1:500、1:1 000、1:2 000 等比例尺。

2.气候条件

影响场地设计与建设的气候条件主要有风象、日照、朝向等。

1）风象

风象包括风向、风速。风向是风吹来的方向,一般用 8 个或 16 个方位来表示（由外向中心吹）。风速在气象学上常用每秒钟空气流动的距离（m/s）来表示。风速的快慢决定了风力的大小。

风向和风速可以用风玫瑰图来表示。将风向频率、平均风速等指标根据不同方向分别标注在 8 个或 16 个方位上,即为风玫瑰图（见图 2-17）。我国各城市区域均可查到相应的风玫瑰图,为建筑设计提供必要的气象依据。

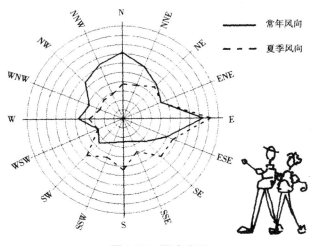

图 2-17 风玫瑰图

2）日照

日照是表示能直接见到太阳照射的时间的量。

日照标准是建筑物的最低日照时间要求,与建筑物的性质和使用对象有关。我国地域辽阔,不同区域会有不同的日照系数。

3）朝向

我国地域辽阔,各地区的日照朝向选择也随地理纬度、各地习惯不同而有所差异。我国各地主要房间适宜朝向如图 2-18 所示。

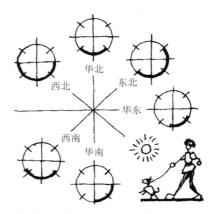

图 2-18　我国各地主要房间适宜朝向

3. 工程地质、水文和水文地质条件

工程地质、水文和水文地质的依据是工程地质勘察报告。进行场地设计时要查阅该项目的工程地质报告,对场地的地质情况有一定了解。

(三)场地设计的要点

场地设计主要涉及场地内主要建筑物及附属建筑物的布置、场地道路与停车场设计、场地的竖向设计、场地的绿化景观设计以及场地的工程管线设计。不同的场地会有不同的设计要求与要点,因此,针对不同的场地,必须全面调研,逐项分析,合理布局,使其适用、经济、美观,达到最大的社会效益、经济效益和环境效益的统一。

1. 建筑物以及附属建筑物的布置

建筑物布置是场地设计中的基本要素,它的布置形式直接决定了场地上其他各项要素的布置形式。主体建筑的布置也决定了附属建筑的布置方式。

不同类型的建筑物会有不同的个性与功能,即使是同一类型的建筑,其内部空间组合不同,所呈现出来的基底平面形状就会不同,也就会出现不同的总图布置。

不同类型、不同造型的建筑物是千变万化的,但在总图布置中必须始终考虑到主体建筑的内部功能与流线、朝向与通风、内外人流的集散与交通、环境与景观以及消防与防灾等各种因素。

其附属建筑在总图布置上必须处理好主与次的关系,不与主体建筑争朝向和位置,不妨碍主体建筑的正常使用和美观造型等。

2.场地的道路与停车场地

1)场地的道路

道路设计在建筑群体布置中是建筑物同建筑地段以及建筑地段同城镇整体之间联系的纽带。它是人们在建筑环境中活动、交通运输及休息场所不可缺少的重要部分。建筑群总体的道路设计,首先要满足交通运输功能要求,要为人流、货流提供短捷、方便的线路,而且要有合理宽度使人流及货流获得足够的通行能力。

场地的道路设计主要包括道路宽度与道路的转弯半径等。

(1)道路宽度。道路宽度根据行车的数量、种类来确定。

单车道不小于 3 m,双车道为 6~7 m。

主车道为 5.5~7 m,次车道为 3.5~6 m。

消防车道不小于 4.0 m,人行道不小于 1.5 m。

(2)道路转弯半径。转弯半径是指在转弯或交叉口处,道路内边缘的平曲线半径。机动车在基地内部的最小转弯半径如图 2-19 所示。

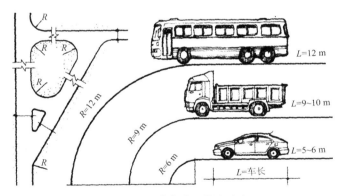

图 2-19　机动车最小转弯半径

2)停车场地

停车场地主要包括汽车和自行车停车场。在大型公共建筑中,停车场应结合总体布局进行合理安排。停车场的位置一般要求靠近建筑物出入口,但要防止影响建筑物前面的交通与美观,因而常设在主体建筑物的一侧或后面。停车场地的大小视停车的数量、种类而定,并应考虑车辆的日晒雨淋及司机休息的问题。

根据我国实际情况,在各类建筑布置中应考虑自行车停放场。它的布置主要考虑使用方便,避免与其他车辆的交叉与干扰,因此多选择顺应人流来向而又靠近建筑物附近的部位。

3.场地竖向设计

场地竖向设计包括场地的排水、场地的坡度和标高、场地的土石方平衡等。场地竖向设计的任务具体如下:

1)确定场地的整平方式和设计地面的连接形式

建筑场地情况会有各种各样的变化,有的场地地形较平缓,有的是坡地,有的是高低不平的丘地地形。对于不同的场地,会有不同的竖向设计。首先应根据工程土方量的平衡关系(挖、填)确定场地的整平方式,同时,考虑场地范围内所有设计地面间的连接形式(是坡地连接还是台阶连接等)。

2)确定各建筑物、构筑物、广场、停车场等设施地坪的设计标高

根据场地地形地势的情况以及场地内的整平方式和连接形式,综合考虑各建筑物、构筑物、广场、停车场等设施地坪的设计标高。

3)确定道路标高和坡度

确定场地范围内的各建筑物、构筑物、停车场等的地坪设计标高的同时还应综合考虑场地内所有道路的标高与坡度。

4)确定工程管线场地的走向

场地设计中还有一个不可缺少的项目——工程管线系统,它包括各种设备工程的管线,如给水管线、排水管线、燃气管线、热力管线以及强电与弱电电缆等。

4.场地的绿化景观

绿化景观同样是场地设计中重要的一部分,绿化景观设计的好坏将直接影响到该场地的整体效果。

从美化环境的角度讲,它改变了环境,愉悦了人们的心灵,同时还增强了建筑物的层次感和自然情趣,促进了人与自然的关系、人工环境与自然环境的和谐。

从环保的角度讲,它净化了城市的空气,减少了城市的噪声,同时还调节了一定范围内的小气候。

在场地绿化景观的设计中,不能单纯地种植一些树木与草坪,而是必须通过景观设计中的不同元素(如亭子、花架、喷泉、灯柱、不同材质的铺地等),根据建筑不同的个性,强调总图设计的合理性,突出建筑物,处理好各元素的尺度,精心设计,

切忌生搬硬套,使绿化景观起到组织、联系空间和点缀空间的作用。

二、建筑小品设计

所谓建筑小品是指建筑中内部空间与外部空间的某些建筑要素。它是一种功能简明、体量小巧、造型别致且带有意境、富于特色的建筑部件。它们富有艺术感的造型以及恰如其分的同建筑环境的结合,都可构成一幅幅具有鉴赏价值的图画。例如,形式新颖的指示牌、清爽自动的饮水台、造型别致的垃圾箱、尺度适宜的坐凳、形状各异的花斗、简洁大方的书报亭等(见图 2-20),对它们的艺术处理丰富了外部空间环境。

图 2-20　一组建筑小品

(一)建筑小品在室外建筑空间组合中的作用

建筑小品虽体量小巧,但在室外建筑空间组合中却有重要的地位。在建筑布局中,结合建筑的性质及室外空间的构思意境,常借助各种建筑小品来突出表现室外空间构图中的某些点,起到强调主体建筑的作用。

建筑小品在室外建筑空间组合中虽不是主体,但它们通常均具有一定的功能意义和装饰作用。例如庭院中的一组仿木坐凳,它不仅可以供人们在散步、游戏之余坐下小憩,同时又是庭院中的一景,丰富了环境。又如小园中的一组花架,在密布的攀藤植物覆盖下,提供了一个幽雅清爽的环境,并给环境增添了生气。

建筑小品在室外建筑空间组合中能起到分隔空间的作用。在室外环境中用上一片墙或敞廊就可以将空间分成两个部分或几个不同的空间;在这片墙上或廊子的一侧,开出景窗,不仅可使各空间的景色互相渗透,而且也增加了空间的层次感。

有一些建筑小品在室外建筑空间组合中除用于组景外,其自身就是一个独立的观赏对象,具有十分引人的鉴赏价值。例如西安半坡村展览馆前面的半坡人雕像,人物造型的历史性充分表达了展览馆的性质,同时雕像本身就是一个颇具艺术价值的建筑小品;桂林七星岩拱星山门(见图 2-21)不仅引导人们游览的路线,在空间层次的划分上也具有明显的功能意义,同时其本身也是园林环境中的一景。

由此,建筑小品在群体环境中是个积极的因素,对它们进行恰当的运用和精心的艺术加工,使其更具有使用及观赏价值,将会大大提高群体环境的艺术性。

图 2-21　桂林七星岩拱星山门

(二)建筑小品的设计原则

建筑小品作为建筑群外部空间设计的一个组成部分,它的设计应以总体环境为依据,充分发挥建筑小品在外部空间中的作用,使整个外部空间丰富多彩,因此,建筑小品的设计应遵循以下原则:

(1)建筑小品的设置应满足公众使用的心理行为特点,便于管理、清洁和维护。

(2)建筑小品的造型要考虑外部空间环境的特点及总体设计意图,切忌生搬乱套。

(3)建筑小品的材料运用及构造处理,应考虑室外气候的影响,防止因腐蚀、变形、褪色等现象的发生而影响整个环境。

(4)对于批量采用的建筑小品,应考虑制作、安装的方便,并进行经济效益的分析。

(三)建筑小品的类型

建筑小品是指既有功能要求,又具有点缀、装饰和美化作用的从属于某一主体性建筑空间环境的小体量建筑、游憩观赏设施和指示性标志物等的统称。园林中体量小巧、功能简明、造型别致、富有情趣、选址恰当的精美建筑物,称为园林建筑小品,其内容丰富,在园林中起点缀环境、活跃景色、烘托气氛、加深意境的作用。建筑小品也是相对大建筑而言的,包括中国古代建筑中的牌楼、华表、香炉、影壁、须弥座、堆石等和现代建筑中的亭、台、楼、阁、榭、廊、桥、径、景墙、围墙、花架、花坛、花境、假山、水溪、喷泉、跌水、园灯、园模等。

建筑小品可分为4种类型:

(1)服务小品,指供游人休息、遮阳用的亭、廊、架、椅,为游人服务的电话亭、洗手池,为保持环境卫生设的废物箱等。

(2)装饰小品,指各种雕塑、铺装、景墙、门窗、栏杆等。

(3)展示小品,指各种布告栏、导游图、指路牌、说明牌等。

(4)照明小品,指以草坪灯、广场灯、景观灯、庭院灯、射灯等为主的灯饰小品。

(四)建筑小品的构思技巧

与普通建筑不同之处在于,建筑小品的构思出发点较多由于功能上限制较小,有的几乎没有功能要求,因而在造型立意、材质色彩运用上都更加灵活和自由。从众多设计实例方案中,可分析归纳出以下两种构思技巧。

1.原型思维法

众所周知,创造性的构思,常常来自瞬间的灵感,而灵感的产生又是因为某种现象或事物的刺激。这些激发构思灵感的事物或现象,在心理学上称为"原型"。正是由于原型的出现,使得创作有了一个独特的构思和立意。原型之所以具有启发作用,关键在于原型与所构思创作的问题之间有"某些或显或隐的共同点或相似点"。设计者在高速的创作思维运转中,看到或联想到某个原型,而得到一些对构思有用的特性,而出现了"启发"。古今中外,无论大小的成功建筑都受到了"原型"的影响和启发。如丹麦设计师约恩·乌松设计的悉尼歌剧院,就受到了帆造型的启示。原型思维法从思维方式来看,是属于形象思维和创造思维的结合。建筑小品,是具象思维(具体事物和实在形象)和抽象思维(话语或现象的感知)转化为创作的素材和灵感,其在创造性、发散性和收敛性思维的作用下,导致不同方案的产生。在这个过程中,原型始终占据着创造思维的核心地位。

2. 环境启迪法

在建筑小品创作中,许多方面的因素都会直接或间接影响到建筑本身的体态和表情。从环境艺术设计及其原理来看,建筑小品所处的环境是千差万别的,作为环境艺术这个大系统下的"建筑",它的体态和表情自然要与特定的环境发生关系。我们的任务就是要在它们之间去发现具有审美意义的内在联系,并将这种内在联系转化为建筑小品的体态或表情的外显艺术特征。因而环境启迪就是将基地环境的特征加以归纳总结,加以形象思维处理,形成创作启发,从而通过创造性思维发散,创造出与环境相协调的建筑小品。

(五)建筑小品的设计手法

在以上一种或两种构思技巧的共同引导下,运用不同设计手法,对同一主题的诠释是不同的。笔者结合工程实际和一些具体的设计方案共同探讨了建筑小品的设计手法。

1. 雕塑化处理

这种设计手法是借鉴雕塑专业的设计方法,其出发点是将建筑视为一件雕塑品来处理,具有合适的尺度和使用功能上的要求,力争做到建筑雕塑一体化。这是原型思维的一种表现。在某景区山门及公共厕所设计中,笔者根据当地出产红色岩石的特点,以雕塑化手法设计,模仿山石的自然组合形态,形成古朴自然的独特建筑形象。

2. 植物化生态处理

这种设计手法的目的是达到与自然相融合,使建筑小品有"融入自然的体态和表情"。具体做法是在造型处理中,引入植物种植,如攀援植物、覆土植物等,通过构架的处理,在建筑小品上点缀或覆盖绿色植物,从而达到构筑物藏而不露,达到与自然相协调。而建筑小品与植物一起配置,处理得当不仅可以获得和谐优美的景观,而且还可突出单体达不到的功能效果。

3. 仿生学手法

运用仿生,即在设计中模仿自然界的生物造型,达到"虽为人工,宛若天成"的境界。在石梅湾旅游度假村的设计中,设计者布置了一些生趣盎然的仿生建筑,将其造型特点与建筑功能相结合,并将生物的生活习性结合地形布置,如珊瑚(海洋音乐舞厅)、鹦鹉螺(多功能厅)、展凤螺(海洋艺术展览中心)等布置在人造岛的水边,海贝结合海岸的礁石群布置,菠萝(风味食街)则如自然生长在土中。

4. 虚实倒置法

这种设计手法是通过对常用形式的研究和观察,进而在环境的启发下运用,以达到出人意料的强烈对比效果。如某景区山门设计,用四片镂空的石墙表现出古代建筑庆殿的剪影形象,十分贴切地表现出景区的特点,又给人以新颖和强烈对比的感觉。

5. 延伸寓意法

该设计手法是在一般想象力上升到创造思维后,对一些有深刻意义的事物加以升华,将其意义溶入建筑小品创作中,往往使人对建筑产生无限的遐想,并回味无穷。特别是一些纪念性建筑小品更是如此。

第三章　建筑结构与现代建筑的空间组合

建筑结构与材料、设备、施工技术、经济合理性等共同构成建筑技术。建筑空间的形式多种多样,通常情况下建筑空间由顶界面、底界面和侧界面共同界定,但有时候空间界面并不完整连续,或有局部缺失。建筑空间和建筑造型的构成要以一定的工程技术为手段,一定功能必须要有与之相适应的空间形式。然而,能否获得某种形式的空间,主要取决于工程结构和技术的发展水平。本章主要阐述建筑结构与结构选型、现代建筑空间组合的原则与方式和现代建筑空间组合的方法与步骤。

第一节　建筑结构与结构选型

一、建筑结构

(一)建筑与结构的关系

人们所居住的房屋,购物的百货商店、商场,看比赛的看台及体育场,教学楼及试验楼,单层与多层工业厂房,等等,无论功能简单还是复杂,都包含有基础、墙体、柱、楼盖及屋盖等结构构件。它们组成房屋的骨架,支撑着建筑承受各种外部作用(如荷载、温度变化、地基不均匀沉降等),形成结构整体。这种房屋骨架或建筑的结构整体就是建筑结构。

总体来讲,建筑物应该具有两个方面的特质:一是内在特质,即安全性、适用性和耐久性;二是外在特质,即使用性和美学要求。前者取决于结构,后者取决于建筑。

结构是建筑物赖以存在的物质基础,在一定意义上,结构支配着建筑。这是因为,任何建筑物都要耗用大量的材料和劳动力来建造,建筑物首先必须抵抗(或承受)各种外界的作用(如重力、风力、地震……),合理地选择结构材料和结构形式,既可满足建筑物的美学要求,又可带来经济效益。一个成功的设计必然以经济合理的结构方案为基础。在决定建筑设计的平面、立面和剖面时,就应当考虑结构方案的选择,使之既满足建筑的使用和美学要求,又照顾到结构的可能和施工的难易。

现在,每一个从事建筑设计的建筑师,都或多或少地承认结构知识的重要性。但是在传统思维的影响下,他们常常被优先培养成为一个艺术家。美观对结构的影响是不容否认的。然而,在一个设计团队中,往往由建筑师来沟通与结构工程师的关系,从设计的各个方面充当协调者。现代建筑技术的发展,新材料和新结构的采用,使建筑师在技术方面的知识受到局限。只有对基本的结构知识有较深刻的了解,建筑师才有可能胜任自己的工作,处理好建筑和结构的关系。反之,不是结构妨碍建筑,就是建筑给结构带来困难。当结构成为建筑表现的一个完整的部分时,就必定能建造出较好的结构和更让人满意的建筑。今天的问题已经不是"可不可以建造"的问题,而是"应不应该建造"的问题。建筑师除了在建筑方面有较高的修养外,还应当在结构方面有一定的造诣。

(二)建筑结构的基本要求

新型建筑材料的生产、施工技术的进步、结构分析方法的发展,都给建筑设计带来了新的灵活性。但是,这种灵活性并不排除现代建筑结构需要满足的基本要求。这些要求主要有以下 6 个方面。

1. 平衡

平衡的基本要求就是保证结构和结构的任一部分都不发生运动,力的平衡条件总能得到满足。从宏观上看,建筑物应该是静止的。平衡的要求是结构与"机构"即几何可变体系的根本区别。因此,建筑结构的整体或结构的任何部分都应当是几何不变的。

2. 稳定

整体结构或结构的一部分作为刚体不允许发生危险的运动。这种危险可能来自结构自身,例如雨篷的倾覆;也可能来自地基的不均匀沉陷或地基土的滑移(滑坡),例如意大利的比萨斜塔是由于地基不均匀沉降引起倾斜的。

3.承载能力

结构或结构的任一部分在预计的荷载作用下必须安全可靠,具备足够的承载能力。结构工程师对结构的承载能力负有不容推卸的责任。

4.适用

结构应当满足建筑物的使用目的,不应出现影响正常使用的过大变形、过宽裂缝、局部损坏、振动等。

5.经济

现代建筑的结构部分造价通常不超过建筑总造价的 $20\%\sim30\%$,因此采用的结构应当使建筑的总造价最低。结构的经济性并不是指单纯的造价,而是体现在多个方面;而且结构的总造价既受材料和劳动力价格比值的影响,也受施工方法、施工速度以及结构维护费用(如钢结构的防锈、木结构的防腐等)的影响。

6.美观

美学对结构的要求有时甚至超过承载能力的要求和经济要求,尤其是象征性建筑和纪念性建筑更是如此,例如北京 2008 奥运会的主场馆"鸟巢"和"水立方"。事实上,纯粹、质朴和真实的结构会增加美的效果,不正确的结构将明显损害建筑物的美观。要实现上述各项要求,在结构设计中就应贯彻"技术先进、经济合理、安全适用、确保质量"的结构设计原则,保证结构和建筑的和谐统一。

(三)建筑结构与建筑设计的关系

建筑在建造过程和使用过程中要承受各种荷载的作用,包括自身的重量、人与家具设备的重量、施工堆放材料的重量、风力、地震力、温度应力等,它们都有可能使房屋变形,甚至遭受破坏。建筑结构就是指保持建筑具有一定空间形状并能承受各种荷载作用的骨架,如同人体的骨骼,其不但成就了建筑的完美之躯,同时还是一种力的象征。建筑结构有时也简称为结构。

功能、技术、艺术形象是建筑的三大构成要素。建筑结构与材料、设备、施工技术、经济合理性等共同构成建筑技术,是房屋建造的手段,同时也是保证安全的重要手段。任何一种结构形式,都是为了适应一定的功能要求而被人们创造出来的。随着建筑功能的日益复杂,建筑结构也在不断变化和发展,并不断趋于成熟。

为了能灵活划分空间,并向高层发展,出现了框架结构;为了求得巨大的室内空间,出现了各种大跨度结构等。反过来,建筑结构的进步也在一定程度上改变了人们的生产、工作与生活。有了气承式结构,我们甚至有可能将整个城市覆盖起来,建筑功能的内涵也就大不一样了。

要研究结构与建筑的关系,必须要了解建筑物受到的荷载,以及荷载作用下建筑物产生的各种变形和位移。

1.建筑荷载

与自然界之中的其他所有物体一样,建筑物承受了各种力。最为常见的力是地心引力——重力。建筑物的屋顶、墙柱、梁板和楼梯等的自重,称为恒荷载;建筑物中的人、家具和设备等对楼板的作用,称为活荷载。这些荷载的作用力方向都朝向地心,在这些力的作用之下,建筑物有可能发生沉降甚至倾斜,所以要控制好各结构的设计,避免建筑产生不均匀沉降(见图 3-1)。

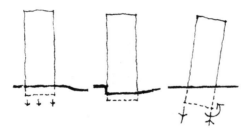

图 3-1　建筑物的沉降

另外,还有寒冷地区的积雪,热带的台风和雨水,地震、火山活动区的地震力等。有研究发现,风力、地震力多是沿水平方向作用给建筑物的。建筑物越高,受到的风力越大;地震力作用在建筑物底部,建筑物越重,受到的地震力越大(见图 3-2)。

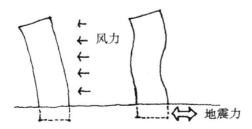

图 3-2　建筑物所受水平方向的风力和地震力

2.形变与位移

不同的结构形式使得建筑物呈现出体型丰富、形态各异的特征和结构美。荷载作用下的建筑的变形位移通常有弯曲、扭曲、沉降、倾覆、裂缝等,很多时候,这些变形或位移并没有被人们发现(如建筑的沉降)。

特别值得关注的是,建筑构件在力作用下的变形,最主要的就是弯曲。水平构件受到竖向力而产生弯曲和开裂,导致破坏(见图3-3);竖向构件受到竖向力,会发生弯曲和失稳,导致破坏(见图3-4)。

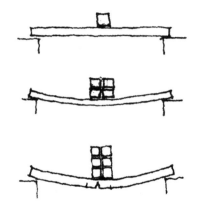

图 3-3　水平构件受力产生弯曲和开裂

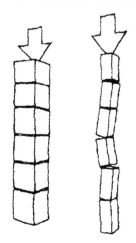

图 3-4　竖向构件受力发生弯曲和失稳

　　某些材料,如钢筋混凝土梁板是允许出现肉眼难以发现的微裂缝的,但当裂缝发展到一定程度,即使构件没有垮塌,由于它已经不具备需要的抗弯能力了,所以应宣告破坏。构件在力的作用下会变形,还会产生位移,例如高楼在大风作用下出现摇摆,越高处的位移可能越大。我们须设法抵抗或减弱这些位移,使构件的某些部位通过增加约束而使受力位移得到控制。例如,抗弯能力弱的独木桥,再绑上一根木头,抗弯能力会提高,也称刚度增加,即构件抗弯能力——弯曲强度增大(见图3-5)。

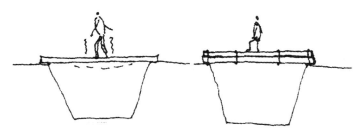

图 3-5　构件的刚度

　　从简易的独木桥发展到桁架桥,又由木桁架桥启发了桁架式建筑的产生,人们对力学的认识逐步深入,对材料和结构的类型的选择运用也越来越科学。人们初步获得了这样一些概念,即不同的材料其强度各不相同,而对于相同材料组成的构件,不同的构造其刚度也不同。

　　此外,还有一个重要的概念叫稳定。一片没有支撑的墙,其稳定性较差,加厚墙体可以改善,但增设支撑杆件或是壁柱则来得更经济有效(见图3-6)。

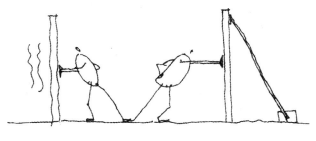

图 3-6　稳定

　　结构形式不但要适应建筑功能的要求,还应为创造建筑的美而服务。运用得当,则建筑结构自身也在创造美。古罗马的穹顶和拱券结构,为建造大跨度和高大建筑解决了技术问题,同时也以它优美的形象给人以深刻印象。古代砖石结构的敦实厚重,现代结构的轻盈通透,都给人以美感。所以,建筑结构的发展也在一定程度上改变了人的审美。

在现代设计工作中,建筑和结构是两个既相互独立又紧密联系的专业工种。前者侧重解决适用与美观的问题,后者侧重解决坚固的问题;前者处于先行和主导地位,后者处于服务和从属地位。从分工来看,建筑设计由建筑师完成,结构设计由结构工程师完成;但是,两者之间并非完全独立,而是相互制约、密切配合的。只有真正符合结构逻辑的建筑才具有真实的表现力和实际的可行性。建筑构思必须和结构构思有机结合起来,才能创造出新颖而富于个性的建筑作品。

所以,建筑师必须具备结构知识,在创造每个建筑作品时,都能考虑到结构的合理性和可行性,并挖掘出结构内在的美;在设计进一步深化的过程中,建筑师还要能与结构工程师实现最佳的配合。

二、结构选型

(一)结构选型的意义与原则

1.结构选型的意义

一幢完美的建筑,它不仅要符合功能要求、体现造型的艺术美,而且要体现结构的合理性。也就是说,只有建筑和结构的有机结合,才是一幢完美无缺的建筑。一般,结构工程师的责任要比建筑师的责任大得多。由于结构的安全重要性,所以在确定该幢建筑的使用寿命的同时,还必须考虑到人们的生命和财产安全。当然,实际中不会刻意要求建筑师像结构工程师那样,对所有结构形式的力学原理和计算方法掌握得一清二楚,但是作为一名建筑师,在做一个建筑方案的同时,必须要考虑到在整个方案的实施过程中,结构上有没有实现的可能性,它将采用何种结构形式,施工过程中有哪些困难。

因此,就要求每一位建筑师对所有的结构形式和特点,以及它们的基本力学原理和构造有一个全面的了解和掌握。这样,才使一个建筑方案不会成为一纸空文。

2.结构选型的原则

1)符合力学原理

结构的安全性是建立在力学的基础上的。在考虑一个结构方案的时候,首先要看其是否符合力学原理,就是说,要具有科学的道理,而不是凭空想象。也就是说,结构上有没有可能性,它受力是否合理,在使用阶段是否安全可靠,这是结构的关键所在。

2)注意美观,适应建筑造型需要

一个好的结构体系,它不仅是一幢建筑的骨骼,更是美的象征。在古代建筑中,多数结构是外露的,如殿宇从未用装饰来表现内部空间,如图 3-7 所示,它的梁、柱既是建筑的骨骼,又体现了艺术美。

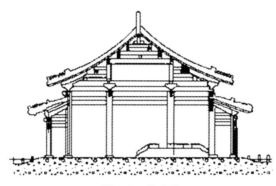

图 3-7 艺术美

因此,建筑的造型要注意美观。例如,折板屋面有良好的韵律感;框架结构使外墙面开窗变得很自由,甚至可以做成玻璃幕墙。

3)综合考虑,选择合适的结构类型

每种结构形式都有它的优点、缺点,各有其适用范围,所以要结合具体情况选择。例如,砌体结构可就地取材,施工简单,墙体多且有较好的围护和分隔空间的能力,适用于房间多、层数少的建筑。

另外,在有的条件下,采用几种结构形式都是可能的,结果常常取决于经济因素。尽量采用地方材料或工业废料,也是降低造价的一种途径。

4)满足功能要求

满足功能要求是一幢建筑设计的根本所在。例如观演类建筑的观众厅,其功能是观众观演的地方,因此,在观众厅中不允许设立柱子,否则将阻挡观众的视线,在考虑其结构形式时必须强调这一点。而对于大型的商场,则需要灵活而流动的空间,所以适于采用框架结构。

5)考虑施工条件,注重新技术推广

任何建筑设计都要着重考虑施工条件,考虑如何把一个作品从图纸变为现实。例如上海东方明珠电视塔的塔身建造完成后,决定其顶上的天线如何安装比设计一个天线难度要大得多(见图3-8)。

图 3-8　上海东方明珠电视塔

又如对上海万人体育馆(屋顶为圆形三向网架,直径达 110 m),如何进行安装,其施工方法在方案阶段已经作了考虑。若方案确定后,施工无法实现,其方案也是一纸空文(见图3-9)。

图 3-9　上海万人体育馆

另外,工业化的发展和技术的进步将改变建筑业的面貌,创造巨大的社会财富。但在起始阶段,可能需要加大投入,从长远的利益看,这也是必要的。

(二)结构形式

建筑结构按受力方式分类,常见的有墙体结构、框架结构、框架剪力墙结构、简体结构等。墙体结构由墙体承重,对墙体长度、高度、厚度以及墙体上的门窗开口都有所要求,适用于空间小、层高低、建筑层数小于 7 层的低层、多层建筑;框架结构由梁、板、柱组成"空间骨架",内外墙不承重传力,适用于空间大、层高高、建筑层数为 12 层左右的多层、中高层建筑;框架剪力墙结构由梁、板、柱组成"空间骨架"承担竖向荷载,由钢筋混凝土"剪力墙"承担水平荷载(如地震力、风荷载等),内外墙不承重传力,适用于中高层、超高层建筑;简体结构由梁、板、柱组成内外双层"空间骨架",适用于高层建筑(见表 3-1)。

表 3-1　常见建筑结构形式比较

结构类型		结构特点及适用范围
墙体承重结构	横墙承重	横墙支承楼板,纵墙围护、分隔和维持横墙;整体刚度强、立面开窗大,但房间布置灵活性差;适用于小空间建筑
	纵墙承重	内外纵墙之间设置梁,荷载由板传递给梁,再传递给纵墙,纵墙受力集中,需要加厚纵墙或设置壁柱;横墙承担小部分荷载;横墙间距可加大,平面布置灵活,但整体刚度差;适用于大空间或隔墙位置可变化的建筑
	纵横墙承重	根据房间开间和进深要求,纵横墙同时承重;横墙间距比纵墙承重方案小,横向刚度比纵墙承重方案有所提高
框架承重结构	横向框架承重	横向框架梁为主梁、纵向框架梁为次梁(联系梁);此结构合理,可提高建筑横向抗侧力强度与刚度,且有利于室内采光和立面处理;一般工业和民用建筑多采用此结构形式
	纵向框架承重	纵向框架梁为主梁、横向框架梁为次梁(联系梁);横向框架梁截面高度小,可有效利用楼层净高,组织纵向通风管道,但横向刚度差,只能用于层数不多、无抗震要求的厂房;民用建筑一般不采用
	横纵双向框架承重	建筑平面为正方形或接近正方形、有抗震设防要求、楼面有沉重设备或有大开洞时,应采用承重框架横纵双向布置方案
其他	框架—抗震墙结构	框架和抗震墙结合,发挥各自优点,适用于一般高层建筑
	框架—核心筒结构	具有造型美观、使用灵活、受力合理、结构抗侧力刚度大以及整体性强等特点,大部分的高层均采用此结构

结构按照材料形式分类有如下几种。

1.砌体结构

利用砖、石作为建筑竖向承重和抵抗侧向力的结构,可称为砌体结构体系。由于实墙为主要承重构件,要求实墙竖向连续,且不宜开洞太大,因此这类结构墙体上下贯通,立面门窗洞口上下对齐、规则、统一。

多层砌体结构的窗间墙宽度受结构及抗震要求制约较宽,因此立面形式较为封闭,故建筑造型简洁、规整、平直,变化少(见图 3-10)。表 3-2 是砌体建筑总高度与层数限制的表格,这将有助于大家在做方案时选择相关结构方案。

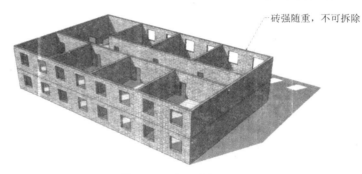

砖强随重,不可拆除

图 3-10 多层砌体结构

表 3-2 砌体建筑总高度与层数限制[高度(M)/层数(F)]

建筑类别 (最小墙厚)	烈　　度			
	6	7	8	9
普通砖砌体 240 mm	24/8	21/7	18/6	12/4
多孔砖砌体 240 mm	21/7	21/7	18/6	12/4
多孔砖砌体 190 mm	21/7	18/6	15/5	—
小砌块砖砌体 190 mm	21/7	21/7	18/6	—
底部框架—抗震墙 240 mm	22/7	22/7	19/6	—
多排柱内框架 240 mm	16/5	16/5	13/4	—

2. 钢筋混凝土结构

混凝土和钢材的出现为建筑师提供了更广泛的创作空间。框架结构为梁、柱刚结组成的结构体系,也是竖向承重和抵抗侧向力的结构(见表3-3)。中国古代木构建筑很早就已成功使用了框架结构。现在,框架结构因墙不承重,空间可自由分割,已被广泛应用于办公楼、旅馆、住宅、厂房等民用和工业建筑中。

表 3-3　钢筋混凝土框架结构限高

结构类别	烈　　度			
	6	7	8	9
框架结构	60 m	55 m	45 m	25 m
框架—抗震墙结构	130 m	120 m	100 m	50 m
抗震墙结构	140 m	120 m	100 m	60 m
框架—核心筒结构	150 m	130 m	100 m	70 m
筒中筒结构	180 m	150 m	120 m	80 m

在结构力学允许的范围内,调整梁、柱的数量、比例、排列方式和截面形式,框架结构会展现出无比丰富的表现力。如不同长度、不同高度、不同间距的柱廊表现出不同的性格,也可以把柱子和墙当成构成中的线和面,组成一定的肌理。

在梁柱尺度处理上,两者尺度相同时,形式感比较纯粹;梁大于柱时,上面的体积感大于下面的体积感,显得比较立体;柱大于梁时,下面的体积感大于上面的体积感,显得比较稳重——由此达到不同的构成效果。

框架结构的柱网布置既要满足建筑平面布置和生产工艺的要求,又要使结构受力合理、构件种类少、施工方便。因此,柱网布置应力求避免凹凸曲折和高低错落。

3. 钢结构

钢结构因其与混凝土相比具有自重轻、抗震性能好等特点而得到了广泛的应用。钢结构的最大高度应符合表3-4所示要求。

表 3-4　钢结构限高

结构类别	烈　　度			
	6	7	8	9
框架结构	110 m	110 m	90 m	70 m
框架—支撑(剪力墙板)结构	220 m	220 m	200 m	140 m
各类简体结构	300 m	300 m	260 m	180 m

以抗风设计为主的高层建筑的平面布置宜用风作用效应较小的平面形状和简单、规则的凸平面,如正多边形、圆形、椭圆形、鼓形等;对抗风不利的平面形状是有较多凹凸的复杂平面,如 V 形、Y 形、H 形、A 形、弧形等。

以抗震设计为主的高层建筑的平面布置宜简单、规则、对称,减少偏心,一般以正方形、圆形、椭圆形等有利于抵抗水平地震作用的建筑为好。

做设计时还需考虑建筑的高宽比,其限值应符合表 3-5 的要求。

表 3-5　高层建筑钢结构的高宽比限值

结构类别	结构形式	烈　　度			
钢结构	—	6	7	8	9
	框架	5	0	4	3
	框架—支撑(剪力墙板)结构	6	6	5	4
	各类简体	6	6	0	0

4. 组合结构

组合结构,也称混合结构,是采用钢材和钢筋混凝土做成的混合结构体系,具有钢材和钢筋混凝土两者的优点(如钢材安装简便、施工速度快、混凝土在提供刚性方面更为有效等),还能减低振动荷载对高层建筑结构的影响。当前,已有 3 种通用的结构体系得到很好的发展:①在一个钢结构高层建筑中设置钢筋混凝土核心剪力墙(也称核心筒,筒内设置房屋的服务部分如电梯、设备间等),应用它抵抗水平荷载;②外筒体的密柱深梁采用型钢和混凝土的组合构件,内框架采用钢材;③混合竖向体系,即建筑物的下部采用钢筋混凝土结构,上部采用钢结构(见表 3-6)。

表 3-6　高层建筑组合结构的高宽比限值

结构类别	烈　　度			
	6	7	8	9
钢框架—钢筋混凝土筒体	7	7	6	4
型钢混凝土框架—钢筋混凝土筒体	7	7	6	4

第二节　现代建筑空间组合的原则与方式

一、现代建筑空间组合的原则

建筑空间组合是建筑设计中的一个重要环节,必须遵循一定的原则才能达到比较满意的效果。建筑内部空间组合的基本原则有以下几个。

(一)内部使用环境质量良好

这是为了提高建筑的环境质量,建筑设计应保证相应空间的通风、采光、日照、卫生等环境因素都达到一定的标准,如图 3-11 所示。譬如学校建筑的学生宿舍设计就必须考虑使超过半数以上的宿舍房间能获得足够的日照,而像老人公寓及疗养院等建筑对日照通风的要求就更高了。

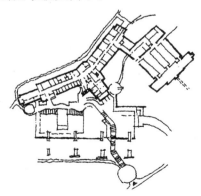

图 3-11　马萨诸塞州威尔斯利学院科学中心

（二）与基地周边环境相协调

建筑必须与基地环境有机统一、协调，如图3-12所示。基地大小与形状、地形地貌、原有建筑、道路、绿化、公共设施等环境条件对建筑空间组合起制约作用。同样功能、同样规模的建筑，由于所处基地环境不同，会出现不同的空间组合。

图 3-12　蒙澄拉德巴赫市立博物馆

（三）符合工程技术合理适当的原则

建筑工程设计主要包括了建筑设计及结构、设备布置等。合理的功能布置不仅体现为空间紧凑及优美，更需要保证结构选型的合理及设备布置的适当。几个方面应相互影响、相互作用、融为一体。譬如在学校建筑中的报告厅及影剧院设计，其结构布置的合理性就可以体现出来。若柱网布置过于密集和规整，在使用过程中就会阻挡学生及教师的视线，如图3-13所示。

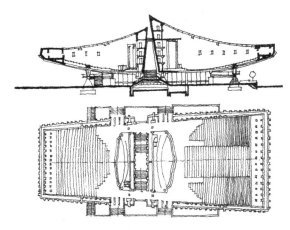

图 3-13　埃里温俄罗斯电影院

(四) 功能分区明确

为实现某一功能而相互组合在一起的若干空间会形成一个相对独立的功能区,如图 3-14 所示。一幢建筑往往有若干个这样的功能区,如大学校园的食堂一般可以分为餐厅、厨房制作等几个功能区。各功能区由若干房间组成,如餐厅又可以包括包厢及大堂等空间。在内部空间组合设计上,应使各功能分区明确、不混杂,以减少干扰,方便使用。

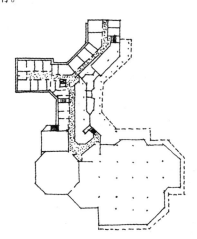

图 3-14　圣奥古斯丁市政厅平面

（五）空间布局紧凑、有特色

在满足使用要求的前提下,建筑空间组合应妥善安排辅助面积,减少交通面积,使空间布局紧凑,如图 3-15 所示。

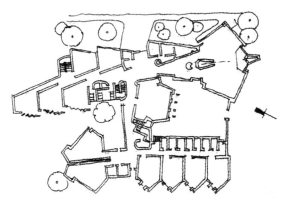

图 3-15　波哥大大学经济系馆

（六）流线组织简捷、明确

交通流线组织是建筑空间组合中十分重要的内容,流线的组织布置方式在很大程度上决定了建筑的空间布局和基本体形。

所谓简捷,就是距离短,转折少;所谓明确,就是使不同的使用人员能很快辨别并进入各自的交通路线,避免人流混杂。如学校医院门诊部的设计就需要使学生能快捷明确地前往不同的科室进行医治。

（七）满足消防等规范要求

建筑内部空间组合还应符合有关层数、高度、面积等的消防方面的规定,此类规定对建筑内部空间设计存在一定的影响。例如两个同样建筑面积的空间,定义为高层建筑的空间布置所要遵守的消防要求就比非高层建筑的严格很多。

二、现代建筑空间组合的方式

建筑空间组合是综合考虑建筑设计中建筑内外多方面因素,反复推敲所得的结果。建筑功能分析、功能分区和交通路线的组织是形成各种平面组合方式的主要依据。建筑组合的基本形式大致可以归纳为走廊式、穿套式、单元式、大厅式、庭院式、综合式等几种。此外,在实践中各种基本形式可结合客观实际和不同处理手法而创作出别具一格的建筑形式,如台阶式建筑以及以几何母体为构图中心的空间组合形式等。

当组成建筑物的各个房间在功能上要求独立设置时,各使用空间之间需用走廊取得相互联系而组成一幢完整的建筑,这种组合方式称为"走廊式"建筑空间组合。它是一种较为广泛采用的空间布局形式,通常被组合的房间面积不太大,使用性质相同的房间数量较多。这种布局能保证房间有比较安静的环境,适合于学校、旅馆、行政办公、医疗、部分住宅等建筑类型。

(一)大厅式

以体量巨大的主体空间为中心,其他辅助使用空间环绕四周对主体空间形成辅助作用的空间组合方式,称为大厅式。这种组合方式能使主体空间突出,形成明显的主从关系而且使用空间之间联系紧密。

演出性建筑、体育馆、商场、餐厅等建筑类型,大都是以一个大量人流活动的大厅为中心,周围布置辅助空间。随功能要求的不同,大厅式空间布局基本上可分为两大类:一类是供观众视、听之用的,其内部空间必须毫无阻挡,空间体量也比较大,常常采用大跨度空间结构,形成独特的建筑形象,如体育馆、剧院、电影院等。另一类是供人们进行商业活动的空间,此类空间在基本满足使用功能要求的前提下,允许在大空间中设立柱子,故其组合手法与第一种又不相同。

1.影剧院建筑

影剧院建筑通常由观众厅、观众使用空间(如门厅、休息厅、售票室和厕所)以及演员使用的舞台、后台和工作人员使用的放映间等组成,设计此类建筑首先应满足视觉和音响的要求。其组合的基本形式有纵向和横向等。

1)纵向组合式

这种组合方式是国内外演出性建筑中广泛采用的典型传统手法,其组合特点是把门厅、休息厅和观众厅等主要使用空间按使用功能的先后顺序逐一排列在观众厅纵长轴线的一端,形成观众厅的纵轴线垂直于正立面的构图关系。其他一些辅助房间则分别设在门厅内或休息厅内的一侧或两侧,或在主体建筑之外,沿休息厅、观众厅的一侧或两侧设置。当有楼座时,管理、办公房间和其他辅助用房有时也分设在休息厅上部的二层或三层里。为了避开观众与工作人员的交叉、观众与放映员的交叉,这种组合方式会使平面布置复杂化,致使正立面处理也受到较多的牵制,所以常将面积较小的辅助性房间移到侧面,以大大改观立面的处理。

2)横向组合式

这种组合方式的特点是观众厅的纵轴与建筑物的正面相平行。也可理解为休息厅的长边和街道相平行,因在绝大多数情况下,休息厅总是配置在临街的一边的。办公管理和业务性房间以及其他面积较小的辅助用房,可沿观众厅的一侧、二侧或三侧布置。休息厅朝向主要方向,具有开阔、通风、采光良好的优点。这种布置方式的观众入场口位于观众厅的侧墙上,疏散出场口则设在与之对称的侧墙上,或在观众厅两端。这时要特别注意标高的处理,另外还要注意休息厅内的噪声对观众厅的干扰。

此外,因受基地条件的限制,常出现自由组合式的建筑。由于不规则的地形,它给建筑设计带来很多困难,但若设计者能进行巧妙的安排,也将会获得特色鲜明、个性强烈的作品。

2. 食堂

食堂通常是由餐厅、厨房、备餐 3 部分组成的。组合时应满足以下要求:

(1)使顾客区和供应处均有独立的出入口流线。供应入口应设在比较安静的方向,并希望设有一定面积的后院供厨房使用。

(2)餐厅应保证良好的朝向和通风,并应有较好的视野和景观。

(3)厨房与餐厅之间联系方便,但又要避免厨房内油烟、蒸汽对餐厅的影响。

(4)为顾客创造幽静舒适的环境。常见的食堂组合形式有一字形、L 形和工字形(见图 3-16)。

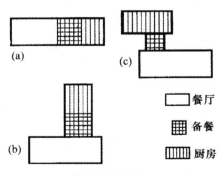

图 3-16　食堂建筑的基本组合形式

一字形布置见图 3-16(a),即餐厅、备餐与厨房顺纵轴方向连接,这种布局能使 3 个组成部分均获得较好的朝向、采光与通风,结构简单。但供应路线较长,适用在规模不太大的食堂。当建筑进深较大时,可在餐厅与厨房之间安排天井,起扯风作用,以减少厨房油烟对餐厅的影响。

L 形布置见图 3-16(b),餐厅与厨房垂直衔接,厨房可在餐厅的一端或中后部。这种布局主要受基地条件的影响而定,它只能保证其中之一获得好朝向。

工字形布置见图 3-16(c),餐厅与厨房平行布置,两者之间设天井作间隔。这种布局方式优点较多,能使餐厅和厨房均获得较好朝向,通风、采光好,两者之间干扰又小,供应路线简捷明确,为实践中较普遍采用的一种形式。

除以上所分析的几类大厅式建筑外,还有交通性建筑,如航空站、铁路旅客站、汽车站、轮船客运站等,这类建筑组合与人流顺序关系较密切,组合时要着重考虑进出站的人、车、货流交通关系。

(二)走廊式

各类建筑往往是由若干空间组合而成,它涉及三度空间的设计问题。在建筑设计时,为便于剖析问题和表达设计意图,常将一个完整的建筑物分解为平面、剖面和立面等图式,而各图式之间实际上是相互关联、脉脉相通的。平面布局除反映功能关系外,还反映空间的艺术构思和结构布置等关系,立面处理在一定程度上也是反映平面与剖面的关系,所以在具体创作过程中,应综合地考虑平面、立面与剖面三者之间的关系,通过一系列空间组合形式将使用空间构成的各种功能关系有机联系起来,形成一幢完整的建筑物。

走廊式布局一般又包括内廊式和外廊式两种形式。内廊式是指走廊在中间两侧布置房间;外廊式是走廊位于一侧,单面布置房间(见图 3-17)。

内廊式布置的主要优点是走廊所占的面积相对较少,建筑进深较大,平面紧凑,外墙长度较短,保温性能较好,在寒冷地区对冬季保暖较为有利。但这种布局有半数房间的朝向较差,在空间组合时应尽可能将次要的辅助性房间和楼梯间等布置在朝向较差的一方。此外还应处理好内廊的采光。

外廊式布局的主要优点是几乎可使全部房间朝向好的方位,获得良好的通风、采光。这种形式深受南方炎热地区使用者的欢迎,走廊除可作交通联系外,还可兼作其他用途。但这种布局容易造成过长的走廊、偏大的交通面积、过小的建筑进深等缺点。

在有的民用建筑中,可根据使用要求、自然条件采取内外廊结合的空间组合方式,以充分发挥两种布局的优点。

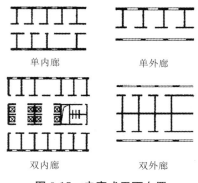

图 3-17　走廊式平面布置

在走廊式布局中,建筑各组成空间通常可采取分段布置或分层布置两种处理手法。如学校建筑中的教学、办公、音乐教室和医院建筑中的门诊、住院、供应、公共科别以及办公建筑中的办公、集会等各类不同性质的房间,常可按分段布置的方式进行空间组合。此外,也可采用分层布置以满足不同功能的空间要求,如学校建筑中的音乐教室、办公建筑中的会议室等可布置在建筑物的顶层,医院建筑中的挂号、配药和办公楼中的传达、收发和接待、总务等房间常布置在建筑物底层的入口附近。

以上分析了走廊式空间布局的基本规律和处理手法,在具体设计时,可结合特定的要求进行创造性的构思,创造出富有个性的建筑形象。

(三)庭院式

庭院式空间布局是以庭院为中心,周围布置大小使用空间的组合方法。通常情况下,使用空间沿庭院四周布置,以庭院作衔接联系之用。不同建筑中庭院面积大小不等,可兼作为绿化活动场地。它是我国建筑空间组合的传统手法,内庭能有多种用途,又能调节气候;当前在不少民用建筑中也常采用,使室内外空间相互协调、充实、彼此衬托。这种组合方式形成的院落可分为三合院与四合院两种,根据不同的需要和可能,在一幢建筑中可以分别设一个、两个或多个庭院。

此外,庭院还常在旅馆、车站、医院等建筑中采用。如香山饭店的平面布局汲取了中国园林建筑的特点,由 11 座庭院花园将楼群分割,但又以单面景窗连廊相贯通,让内庭空间与开阔湖面和室内空间相互渗透,使整个建筑紧凑、完整,富有空间变化。

医院门诊部设计可采用与外廊结合的庭院候诊布局,作为门诊量大、人流量起落大的科室的病人等候休息之用。这样能使病人置身于满目葱茏、生机勃勃的庭院之中,从生理上和心理上改善情绪。

同济大学教工俱乐部,是一、二层相结合的自由布局的小型公共建筑,利用房间和矮墙围成灵活的庭院空间,使几个空间均有相应的室外庭院。

印度某大学美术教学馆各系由 16 个画廊围绕一个庭院布置,每个画廊为 5.5 m×5.5 m;画廊屋顶是一个双曲抛物线的倒伞状锥体,支承在中心。整个空间构图显得轻盈活泼。

目前,在进行庭院空间组合时还往往用透光材料覆盖在庭院上部以防寒、遮雨、改善庭院的使用条件,形成别有风味的"共享空间"。

(四)单元式

建筑设计中的性质相同、联系紧密的空间组成的相对独立的一个整体,称为单元。根据不同的客观实际将单元进行组合,可得到多种组合形式的建筑。在具体建筑设计中,往往用楼梯或电梯间等垂直交通联系空间来衔接相同或不同的单元;建筑的空间组合可由一个或几个单元相互拼接而成。这种组合方式,对大量的民用建筑的建筑标准化、形式多样化提供了广阔的设计空间,目前普遍用于居住区的规划及单体住宅建筑设计中。图 3-18 为建筑面积为 70 平方米的一个单元,可组合成天井式、三叉形和风车形等多种形式。

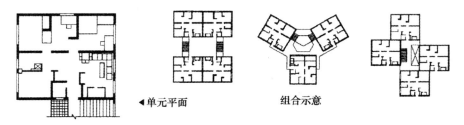

◀单元平面　　　　　组合示意

图 3-18　单元式住宅建筑

由于单元式空间组合的功能分明、布局整齐、外形既有规律又富于变化等特点,此种组合手法已逐渐扩大到其他建筑类型中,如餐厅、图书馆建筑(见图 3-19)。

日本某大学图书馆

图 3-19　单元式餐厅、图书馆建筑

图 3-20 为重庆邮电大学单元式学生宿舍，每个单元由 3 个部分构成，每个部分又包含两个卧室和一间学习室（兼起居室）；各单元每层设公用厕所、淋浴间和开敞的盥洗间，使休息空间和学习起居空间分开，互不干扰，让寝室使用盥、厕、浴室也更加方便。其单元平面的凹凸变化丰富，三四个单元在坡地上分台建筑，形成比较丰富的建筑群体。

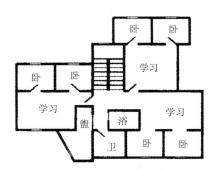

图 3-20　重庆邮电大学单元式学生宿舍

（五）穿套式

在某些建筑中，各使用空间之间要求有一定的连续性，如博物馆、展览馆、公共浴室等在功能上要求有明确、简捷的流程，布局时应使空间连通而形成由一个空间到另一个空间串通的人流路线。

穿套式把各个使用空间衔接在一起，相互贯通，这样，使用面积和交通面积结合起来融为一体，使用空间之间联系简捷，建筑面积利用率高。这种布局方式在实践中多种多样,归纳起来大致可分为串联式、放射式、大空间式和混合式等。

1. 串联式

串联式空间布置是各使用空间按照一定使用顺序,一个接一个地相互串通连接。采用这种方式能使各房间在功能上联系紧密,具有明显的顺序和连续性,人流方向单一、简捷明确,不逆行、不交叉,但活动路线的安排不灵活,变化极少。它是展览建筑中常见的一种布局形式,让观众可按照一定的参观路线通过各个展厅。这种布局形式的主要优点是人流路线紧凑、方向单一、简捷明确,参观者流程不逆行、不重复、不交叉。但它也存在一定的不足,如活动路线不够灵活,人多时易产生拥挤现象,不利于陈列厅的独立使用。串联式较适宜于中、小型建筑。

2. 放射式

放射式空间布置是以一个枢纽空间作为联系空间,此枢纽空间在两个或两个以上的方向衔接布置使用空间。这个作为联系空间的枢纽空间,可以是专供人流集散的大厅,也可以是兼供衔接其他使用空间的主要使用空间。这种组合方式布局紧凑、联系方便、使用灵活,让被枢纽空间衔接的使用空间可不被穿越而单独使用。但枢纽空间中的流线容易产生交叉而互相干扰。例如将陈列空间围绕交通枢纽做放射状的布置,让参观者在看完一个陈列室之后需返回中心枢纽空间,再进入另一个陈列空间。如此连续的参观路线的优点是参观路线简单紧凑、使用灵活,各个陈列空间具有相对独立性,但是枢纽空间中的参观路线不够明确,容易造成交叉干扰。另外,各个陈列空间成袋状路线,易产生迂回拥挤的现象。河南博物馆是将中心枢纽空间处理成一个中庭,让参观者穿过门厅到中央庭院,再从这里走进围绕在院子3面的陈列室。其路线安排是参观者在每参观完4个陈列室以后都要回到中央庭院,再进入别的陈列室。中央庭院起着组织和分配人流的作用,并使参观者在参观过程中定时变换环境,以获得休息。这样的空间布置可使参观者处于时而室内、时而室外,时而黝黯、时而明亮,时而过去、时而现在的交替感受之中,收到良好的效果。

3. 大空间式

大空间式空间布置是在一个较大的使用空间中,用灵活隔断分隔若干小空间和人流活动空间。它具有使用灵活、空间利用紧凑、流动方向自然等特点。但这种布局往往需要配备人工环境,即人工照明和机械空调等较高的建筑标准。

4.混合式

混合式空间布置是将串联式、放射式、大空间式中的两种或全部布置同时在一个建筑中采用,目的是力争集各种形式的优点于一体。但灵活性往往与交叉、干扰相伴,组合时应多加注意。

另外在展览建筑中,参观者的活动空间(如展厅、门厅、休息厅、庭院等)和内部工作用房这两部分空间常常采用分段布置的组合方式,以使其功能分区明确,互不干扰,管理使用方便。

(六)综合式

某些多功能建筑具有多样性和复杂性,因此,在空间组合上常常需要同时采用前述两种或两种以上的形式,综合地加以考虑、设计,使之成为颇具特色、运用极其方便灵活的建筑空间组群。这种方式称为综合式建筑空间组合方式。如旅馆、俱乐部、图书馆等这类建筑在组合时必须分区明确,避免互相干扰。

第三节　现代建筑空间组合的方法与步骤

一、空间组合设计方法

空间组合设计的方法概括起来主要有以下内容:序列与节奏、分隔与围透、引导与暗示、对比与变化、延伸与借景、重复与再现、衔接与过渡。

(一)序列与节奏

人对于建筑空间的体验,必然是从一个空间走到另一个空间的循序渐进的体验,从而形成一个完整的印象。建筑空间的组织,就是将空间的排列和时间的推移结合起来,让人们在沿着既定路线体验建筑后能够留下一个和谐一致又充满变化的整体印象。运用多种空间组合方式,按照一定的规律将建筑各空间串成一个整体,就是空间的序列。

空间序列的安排与音乐旋律的组织一样,应该有鲜明的节奏感,流畅悠扬,有始有终。根据主要人流路线逐一展开的空间序列应该有起有伏、有抑有扬、有缓有急。空间序列的起始处一般是缓和而舒畅的,室内外关系处理妥善,将人流引导进入建筑内部;序列中最重要的是高潮部分,常常为大体量空间,为突出重点,可以运用空间的对比手法以较小较低的空间来衬托,使之成为控制全局的核心,引起人们情绪上的共鸣;除了高潮以外,在空间序列的结尾处还应该有良好的收尾,一个完整的空间序列既要放得开又要收得住,而恰当的收尾可以更好地衬托高潮,使整个序列紧凑而完整。除控制好起始、高潮和收尾,空间序列中的各个部分之间也应该有良好的衔接关系,运用过渡、引导、暗示等手段保持空间序列的连续性。

(二)分隔与围透

各个空间的不同特性、不同功能、不同环境效果等的区分归根到底都需要借助分隔来实现,一般有绝对分隔、相对分隔两大类。

1.绝对分隔

顾名思义,绝对分隔就是指用墙体等实体界面分隔空间。这种分隔手法直观、简单,使得室内空间较安静,私密性好。同时,实体界面也可以采取半分隔方式,比如砌半墙、墙上开窗洞等,这样既界定了不同的空间,又可满足某些特定需要,避免空间之间的零交流。

2.相对分隔

采用相对分隔来界定空间,可以成为一种心理暗示。这种界定方法虽然没有绝对分隔那么直接和明确,但是通过象征性同样也能达到区分两个不同空间的目的,并且比前者更具有艺术性和趣味性。

(三)引导与暗示

虽然一栋复杂的建筑之中已包括各种主要空间与交通空间,但是对于流线还需要一定的引导和暗示才能实现当初的设计走向。比如外露的楼梯、台阶、坡道等很容易暗示竖向空间的存在,引导出竖向的流线,利用顶棚、地面的特殊处理引导人流前进的方向。此外还有狭长的交通空间能吸引人流前行,空间之间适时增开门窗洞口能暗示空间的存在,等等。

引导与暗示的方法主要有以下几种:利用建筑构图控制线导向、利用建筑构件导向、利用建筑装饰导向、利用光线或光线的变化作引导。

（四）对比与变化

两个相邻空间可以通过呈现比较明显的差异变化来体现各自的特点,让人从一个空间进入另一个空间时产生强烈的感官刺激变化来获得某种效果。

1.高低对比

若由低矮空间进入高大空间,视野突然变得开阔,情绪为之一振,通过对比,后者就更加雄伟;反之同理。

2.虚实对比

由相对封闭的围合空间进入到开敞通透的空间,会使人有豁然开朗的感觉,进一步引申,可以表现为明暗的对比。

3.形状对比

不同形状的空间会使人产生截然不同的感受。两个相邻空间的形状有差别,很容易产生对比效果。两个空间的形状的对比既可表现为地面轮廓的对比,也可表现为墙面形式的对比。

4.方向对比

方向感是以人为中心形成的。在空间中运用方向的对比可以打破空间的单调感。

5.色彩对比

色彩的对比包括色相、明度、彩度以及冷暖感等。强烈的对比容易使人产生活泼欢快的效果。微弱的对比也称微差,使各部分协调,容易产生柔和、幽雅的效果。

（五）延伸与借景

在分隔两个空间时要有意识地保持一定的连通关系,这样,空间之间就能渗透产生互相借景的效果,增加空间层次感。

1.延伸

空间的延伸是在相邻空间开敞、渗透的基础上,做某种连续性处理所获得的空间效果。具体手法包括:①使某个界面(如顶棚)在两个空间连续;②用陈设、绿化、水体等在两个空间造成连续。

2.借景

通过在空间的某个界面上设置门、窗、洞口、空廊等,有意识地将另外空间的景色摄取过来,这种手法就称为借景。在借景时,对空间景色要进行裁剪,美则纳之,不美则要避之。

在中国古典园林之中,常采用增开门窗洞口的方法使门窗洞口两侧的空间互相借景。而在现代小住宅设计中常采用玻璃隔断。

(六)重复与再现

重复的艺术表现手法是与对比相对的,某种相同形式的空间重复连续出现,可以体现一种韵律感、节奏感以及统一感,但是运用过多,容易产生单调感和审美疲劳。

重复是再现表现手法中的一种,再现还包括相同形式的空间分散于建筑的不同部位,中间以其他形式的空间相连接,起到强调那些相类似空间的作用。

重复与再现都是处理空间统一、协调的常用手法。

(七)衔接与过渡

有时候两个相邻空间如果直接相接,会显得生硬和突兀,或者使两者之间模糊不清,这时候就需要用一个过渡空间来交代清楚。

空间过渡就是从人们的活动状态来考虑整个空间的分隔和联系的需要。过渡空间本身不具备实际的功能使用要求,所以设置要自然低调,不能太抢镜,也可以结合某些辅助功能如门廊、楼梯等,在不知不觉之中起到衔接作用。

空间的过渡可以分为直接和间接两种形式。两个空间的直接联系通常以隔断或其他空间的分隔来体现,具体情况具体分析;间接联系则在两个空间中插入第三个空间作为空间过渡的形式,比如在两室之间增加过厅、前室、引室、联系廊等都属于这一类。

二、空间组合设计的步骤

建筑空间组合是一项综合性工作,不仅要考虑全局,也应照顾到局部和细节,需要设计者耐心地加以推敲分析,才有可能达到令人满意的效果。

（一）基地功能分区

要满足建筑功能布局的合理性，不仅要从建筑自身的特性出发，还要做到与周边环境协调一致，与基地的功能分区相对应。

1.划分功能区块

依照不同的功能要求，将基地的建筑和场地划分成若干功能区块。

2.明确各功能区块之间的相互联系

用不同线宽、线形的线条加上箭头，表示各功能区块之间联系的紧密程度和主要联系方向。

3.选择基地出入口位置与数量

根据功能分区、防火疏散要求、周围道路情况以及城市规划的其他要求，选择出入口位置与数量。这种选择与建筑出入口的安排是紧密相关的。

4.确定各功能区块在基地上的位置

根据各功能区块自身的使用要求，结合基地条件（形状、地形、地物等）和出入口位置，可以先大体确定各功能区块的位置。

（二）基地总体布局

基地总体布局的任务是确定基地范围内建筑、道路、绿化、硬地及建筑小品的位置。它对单体建筑的空间组合具有重要的制约作用。通常应考虑以下几方面因素。

1.各功能区块面积的估算

各功能区块应根据设计任务书的要求和自身的使用要求采取套面积定额或在地形图上试排的方法，估算出占地面积的大小并确定其位置与形状。一般先安排好占地面积大、对场地条件要求严格（如日照、消防、卫生等）的功能区块。

2.安排基地内的道路系统

道路系统包括车行系统（含消防车）和人行系统两大部分。道路系统的布置既要处理与基地周边道路的关系,又要满足基地内车流、人流的组织及道路自身的技术要求。

3.明确基地总体布局对单体建筑空间组合的基本要求

建筑空间组合设计应当充分考虑基地的大小、形状,建筑的层数、高度、朝向以及建筑出入口的大体位置等,找出有利因素和不利因素,寻求最佳的组合方案。最后,在进行单体建筑空间组合的过程中,需要再次对基地的总体布局做适当修改。

(三)建筑的功能分析

1.建筑功能分析的内容

建筑功能分析包括各使用空间的功能要求以及各使用空间的功能关系。

使用空间的功能要求包括朝向、采光、通风、防震、隔声、私密性及联系等。

各使用空间的功能关系包括使用顺序、主次关系、内外关系、分隔与联系的关系、闹与静的关系等。

2.建筑功能分析的方法

现代建筑设计理论发展到今天,对于建筑功能分析的手段和方法已比较多样化,有矩阵图分析法、框图分析法等。下面就重点介绍框图分析法这一最为常用的方法:

框图分析法是将建筑的各使用空间用方框或圆圈表示(面积不必按比例,但应显示其重要性和大小),再用不同的线形、线宽加上箭头表示出联系的性质、频繁程度和方向。此外,还可在框图内加上图例和色彩,表示出闹静、内外、分隔等要求。

对于使用空间很多、功能复杂的建筑,建筑的功能分析应由粗到细逐步进行。例如首先可将一幢建筑的所有使用空间划分为几个大的功能组团(也称功能分区)。

3.建筑功能分析的综合研究

建筑的功能往往很复杂,相互之间存在很多矛盾。建筑空间组合应根据不同的建筑类型和所处的具体条件,抓住主要矛盾进行综合研究,以确定每个使用空间的相对位置。

第四章　建筑造型与现代建筑的立面设计

　　建筑造型包括体型、立面、细部等，是建筑内部空间的外部表现形式。从个体建筑、建筑群，直至整个街道、城市，建筑造型经常地、广泛地被人们所接触，予人深刻的印象，影响着世代栖居的人们。建筑立面造型艺术简单的理解就是建筑立面设计，其实质就是如何处理好建筑的美观问题，也即是建筑的室外空间造型艺术。本章主要阐述的是建筑造型艺术特征及其分类、现代建筑构图的基本原理以及现代建筑体型与立面设计。

第一节　建筑造型艺术特征及其分类

一、建筑造型艺术特征

　　建筑造型设计的目的是创造美的建筑形象，要创造出美的建筑形象，首先必须了解什么是建筑美。

　　美感是一种由形式引起的直接感受。这种美感对建筑来说，就是人们对建筑物的体量、体型、色彩、质感等以及它们之间的相互关系所产生的形象效果的感受。

　　建筑美与其他艺术形式不尽相同，有着其自身的特点。大量的建筑除供人们观赏、产生美感（即精神功能）外，主要还是为了给人们提供生活、生产及其他各种社会活动的物质环境（即物质功能）。为此，人们就得以必要的物质技术手段（如材料、结构、设备、施工等）来实现上述功能的需要。建筑美融合、渗透、统一于使用功能和物质技术之中，这是建筑美与其他艺术形式的一个重要区别。

　　具体地说，优美的建筑造型应该具备以下艺术特征：

（一）建筑造型要满足空间的适用性和技术的经济性

建筑首先是为了满足人们生产、生活的需要而创造出的物质空间环境，是根据功能使用要求，在一定的历史条件下采取某种技术手段，使用某种材料、结构方式和施工方法建造起来的。一个建筑物的空间大小、房间形状、数量、门窗的安排以及平面的组合、层数的确定等首先要以满足空间的适用性、技术的经济合理性为前提，建筑外部形体也就必然是内部使用空间要求的直接反映，建筑造型设计就是对按一定材料、结构建立的使用空间实体的直接经营和美化，离开了这个基点，所谓的建筑艺术也就不复存在。建筑的艺术性寓于其物质性，是区别于其他造型艺术（如雕刻、绘画等）的重要标志之一，但是没有形式的内容也是不存在的。因此，建筑造型设计不能简单地理解为形式上的表面加工，也就是说，它不是建筑设计完成的最后部署，而是自始至终贯穿于整个建筑设计中，需要在功能使用关系和生产技术规律中去探索空间组织、结构构造方式、建筑材料运用等方面的一系列的美学法则。科学技术性和艺术性的融合、渗透、统一是建筑造型设计的主要特点，也是评判建筑美观的重要条件之一。

（二）建筑造型要适应基地环境和群体布局的要求

任何一幢建筑都处于外部空间之中，同时也是构成外部空间的成分之一。因此，建筑造型不可避免地要受外部空间的制约。建筑体型、立面处理、内外空间组合以及建筑风格等都要与基地环境和群体布局相适应。建筑物所在地区的气候、地形、道路、原有建筑物及绿化等基地环境，也是影响建筑造型设计的重要因素。

如风景区的建筑在造型设计上应同周围环境相协调，不应破坏风景区景色；又如南方炎热地区的建筑，为减轻阳光的辐射和满足室内的通风要求，便采用遮阳板和通透花格，使建筑立面富有节奏感和通透感。建筑物处于群体环境之中，既要有单体建筑个性，又要有群体的共性，这也是处理建筑造型与基地环境和群体布局关系时要解决的首要问题。

（三）建筑造型要发挥建筑艺术的独特作用

建筑可以借助于其他艺术，如绘画、音乐、雕塑等来加强思想内容的表达和艺术形象的表现力，但应该主要以其自身的空间实体，通过建筑所特有的手段和表达方式来反映建筑形象的各种具体概念（诸如宏伟、肃穆、壮丽、韵律、挺拔、雅静、轻快、明朗、简朴、大方等），充分发挥建筑艺术的独特作用。因此，只有根据不同的建筑性质和类型,结合地形、气候、位置环境等条件,利用材料、结构构造的特点,按照建筑艺术造型的构图规律来反映建筑的不同性格和艺术风格,才能创造具有强烈感染力的建筑艺术形象,发挥其他艺术所无法达到的巨大的精神力量。但是企图超越建筑形象所能达到的种种不切实际的苛求,也会把建筑艺术创作引入歧途。

(四)建筑造型要符合建筑美学原则

建筑构图规律既是指导建筑造型设计的原则,又是检验建筑造型美与不美的标准。在建筑造型设计中,必须遵循建筑构图的基本规律,创造出完美的建筑造型。建筑造型设计中的美学原则,即建筑构图的一些基本规律,是人们在长期的建筑创作历史发展中的总结。

建筑构图基本规律的特点具体包括以下几点:

(1)建筑构图规律是构成建筑形式(或称建筑作品)的基本规律。

(2)建筑构图规律在现实中具有客观基础,既来源于实践,又运用到实践中去。

(3)建筑构图规律是在长期的建筑实践中所形成的规律。

(4)建筑构图规律的发展具有相对的独立性。

(5)建筑构图规律可以应用于任何建筑作品。

因此,只有根据不同的建筑性质和类型,结合地形、气候、位置环境等条件,利用材料、结构构造的特点,按照建筑艺术造型的构图规律来反映建筑的不同性格和艺术风格,才能创造出具有强烈感染力的建筑艺术形象,发挥其他艺术所无法达到的巨大的精神力量。但是企图超越建筑形象所能达到的种种不切实际的苛求,也会把建筑艺术创作引入歧途。

(五)建筑造型要反映不同地区的地域特征

由于不同国家的自然和社会条件,不同的生活习惯和历史传统等各方面的因素,使建筑常常带有民族和地方色彩,并对建筑形式的发展产生深刻的影响。建筑的民族形式就是在这样长期的历史发展过程中逐渐形成的,但是任何建筑都是一定时代的产物,建筑形式必须随着时代的进步而发展。建筑的形式和内容是辩证统一的。

例如,濒临爱琴海的希腊岛屿拥有蔚蓝的天空与海洋,以及起伏的山丘形态,为了顺应自然,依山而建的民宅,采用鲜明的白色外墙(见图4-1)。

图 4-1　希腊爱琴海周边建筑

而我国人民在建筑创作上有非常高的造诣,在古代的许多宫殿、庙宇、园林、民居等建筑中都凝结着劳动人民的无穷智慧,闪耀着不朽的建筑艺术光辉。既要继承和发扬我国民族的优良传统,又要根据现代条件和时代要求进行革新和独创,是建筑造型设计中的又一重要内容。

例如,浙江泰顺县居民结合地形地貌用本地盛产的木材建造廊桥,用石头摆建水石汀步(见图 4-2)。

图 4-2　浙江泰顺地区廊桥

（六）建筑造型要与一定的经济条件相适应

建筑造型设计必须正确处理实用、经济、美观三者的关系。各种不同类型的建筑物,根据使用性质和规模,在建筑标准、结构造型、内外装修以及建筑造型等方面应区别对待。

二、建筑造型艺术分类

(一)装饰类建筑造型

装饰类建筑造型是通过符号拼贴、店标、招牌、标记、材料、色彩等建筑装饰手段来塑造建筑造型。它构思新奇、趣味性强、形式多样化,往往能在周围环境中脱颖而出、独树一帜,形象不拘一格。这类建筑造型多用于商业建筑、游乐建筑等。

例如,日本宫城县立儿童医院由红色砖墙、浓灰色金属屋顶以及民居尺度的阳台等要素构成,从外观到室内都更像一个童话世界,在空间、环境、色彩的布置上既能提升生活情趣,又有利于消除紧张不安的情绪(见图 4-3、图 4-4)。

图 4-3　宫城县立儿童医院外观

图 4-4　宫城县立儿童医院住院部走廊

(二)组合式建筑造型

组合式建筑造型是按照一定的顺序或方法,将各个不同形式的建筑部分或单元体,通过造型手段,组合成一个有机的整体建筑造型。这种造型有较强烈的规律性,次序感强,从整体到局部都体现出有机的联系。一些体量庞大的建筑或建筑群通常采用这一方式。

(三)文脉类建筑造型

文脉类建筑造型是从地域性的民族文化传统中提炼出造型的原始语言和符号,然后把这些造型符号与现代造型规律和现代审美观念糅合在一起,从中提升出新的、与民族文化共有血缘关系的本土建筑造型形式。这种造型通过本土建筑文化梳理,力求创作具有地方特色的建筑,而别具一格地屹立于世界建筑之林。

例如,提到埃及,人们首先就会想到金字塔。埃及的金字塔很好地体现了埃及的文化与地域性(见图 4-5)。

图 4-5 昭赛尔金字塔

(四)雕塑式建筑造型

雕塑式建筑造型是运用雕塑艺术的手法,采用雕、剔、挖的方法来塑造建筑的体型。这种造型立体感强,具有艺术表现力,使人感到棱角分明、凹凸光影变化丰富。

(五)结构类造型

现代建筑结构不断推陈出新,给建筑带来了结构技术美。这种造型主要依靠建筑结构逻辑、力度和稳定性等表现力和结构的逻辑美。一些大型公共建筑、大跨度空间结构建筑往往采用这种形式,反映结构技术的创新,呈现出独特的建筑形象,如澳大利亚悉尼歌剧院、香港中国银行大厦等。

第二节　现代建筑构图的基本原理

一、同一律

同一律,即求同,是指运用联系关系法则,强调整体性,以表现多体量空间的联系。形式的统一表现在形式间的联系之中,如采用对称、反复、渐变、对位等求统一。

古代杰出的建筑,如古埃及的金字塔、古罗马的圣彼得大教堂、中国的天坛、印度的泰姬·玛哈陵(见图 4-6)等,均因采用上述几何形状构图而达到高度完整、统一的境地。近代建筑、现代建筑也采用几何形状的构图来谋求统一和完整,如布鲁塞尔国际博览会美国馆、赖特的流水别墅和古根海姆博物馆等。许多大型体育馆出于功能、技术的要求,或者出于形式的考虑,都借用方形、圆形构图而获得统一性。

图 4-6　泰姬·玛哈陵

(1)对称:对称可以分为完全对称、近似对称、反转对称,如图 4-7 所示。

图 4-7　完全对称、近似对称和反转对称

（2）反复：反复是相同或相似形象的重复，包括单纯的反复、变化的反复两种，如日本东京都葛饰区东江幼稚园，多重复的屋顶形成了牧歌式的柔和氛围和情调，如图 4-8 所示。

图 4-8　日本东京都葛饰区东江幼稚园

（3）渐变：渐变是连续的近似。

（4）对位：对位是通过位置关系来求得造型的和谐统一。对位分为中心对位和边线对位两种，如图 4-9 所示。

图 4-9　沈阳东陵平面布局

二、对比

强烈的对比可起到醒目和振奋精神的刺激作用，如建筑中许多重点突出的处理手法往往采取的就是强烈对比的结果；而对比弱则变化小，感觉不甚明显或者达到相互接近，而取得近似以致统一的效果，从而给人以彼此和谐、协调、呼应、平静的感觉。因此，在建筑设计中恰当地运用对比的强烈程度是取得统一和变化的一个重要手段。一个有机统一的整体，各种要素除按一定规律结合在一起外，必然存在各种大小不同的差异，对比与微差所指的就是这种差异。在建筑造型设计中，对比指的是建筑物各部分之间显著的差异，而微差则是指不显著的差异，即微弱的对比。

对比是在两物之间彼此相互衬托作用下，使其形、色更加鲜明，如大者更觉其大、小者更觉其小，红者更觉其红、绿者更觉其绿，给人以强烈的感受、深刻的印象。对比可以相互衬托而突出各自的特点，以求得统一中有变化；而微差则是借助相互的连续性在变化中求统一。微差之间保持连续性，而连续性中断形成突变，则表现为对比关系。突变程度越大，对比表现得越强烈。

对比与微差要针对某一共同因素进行比较。概括起来，有量（大小、长短、高低、粗细等）的对比、形（方圆、锐钝等）的对比、方向对比、虚实对比、简繁疏密对比、色彩质感对比、光影明暗对比以及强弱刚柔对比等。建筑造型设计中应综合运用对比与微差的手法，使建筑物达到重点突出、和谐统一的效果。

例如，巴西利亚的巴西国会大厦在体型处理上运用了竖向的两片板式办公楼与横向体量的政府宫的对比，上院和下院一正一反两个碗状的议会厅的对比，以及整个建筑体型的直与曲、高与低、虚与实的对比（见图 4-10）。除此之外，还充分运用了钢筋水泥的雕塑感和玻璃窗洞的透明感以及大型坡道的流畅感，从而协调了整个建筑的统一气氛，给人们留下了深刻的印象。

图 4-10　巴西国会大厦

三、节韵律

　　建筑中的某一部分作有规律的重复变化,在视觉上能产生类似音乐、诗歌中的节奏和韵律的效果。由于它的重复和连续作用,像音乐中的主题反复出现一样,给人以深刻的印象。如果把"对比"作为反衬之法喻之,那么"节奏和韵律"则是正衬之法,没有变化的简单重复,节奏单纯、明确,给人以鲜明的印象。在重复的情况下做有规律的变化,节奏因变化才感觉丰富而有韵味,如音乐剧情之有起伏、有缓急、有高潮。一定数量的重复是产生节奏和韵律的基本条件,掌握较易;有规律的变化是对节奏和韵律的修饰、调整和补充,掌握较难。英国伦敦国家剧院由于几层露台与电梯井、通风井的互相纵横穿插,使立面上水平线条有长有短、有断有续、有疏有密,这是重复中变化而形成韵律的杰出例子(见图 4-11)。

图 4-11　英国伦敦国家剧院

　　建筑中的节奏韵律和音乐、诗歌中的节奏韵律一样,表现形式是多种多样的。但在建筑中重复的形式主要取决于建筑、结构、构造、造型等方面的要求和组织布置方式。重复的形式一般有平行式、交错式、阶梯式、盘旋式、放射式、循环式等(见图 4-12)。变化的形式表现为下列几种情况。

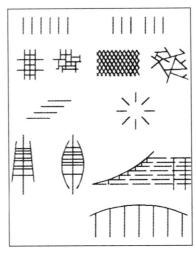

图 4-12　重复的形式

（一）构件排列上间距的变化

重复部分的排列不同会造成不同的节奏和韵律效果,有等距和非等距排列、恒等和非恒等排列。例如福州火车站列柱为等距、恒等排列式的一种简单重复,没有变化;而 1937 年巴黎博览会苏联馆,阶梯形重复方式为不等距、非恒等的造型构图。此外,某些建筑物的阳台、窗子在布局上也常有类似的变化方式,由于间距排列的不等距,非恒等的排列形成重复中出现松紧、缓急、起伏、跳跃等现象,使节奏丰富且耐人寻味,犹如某些古词中句子有长有短,有韵律而非句句押韵。如英汤姆·科林斯住宅的阳台布置就充分体现了这一点。

（二）构件自身的变化

构件自身的变化有两种情况:一种是数量上的增加或减少,以直线或曲线的规律进行,从而形成韵律由强到弱或由弱到强的效果,例如北京太和殿门洞以及我国许多古代塔寺。另一种是形式上的变化,例如北京漏明墙窗。它的布局和大小规格基本上是一致的,边框的处理手法也是相同的。这些相似方面的重复仍然会形成节奏和韵律,但在此范围内每个窗洞各有各的形式,在重复中有所变化,造成丰富多彩的效果。这和我国古代建筑中屋脊上按一定规律布置但形状不相同的仙人走兽所产生的韵律有类似的地方。

此外,由于建筑是空间艺术,因此韵律的组织可以通过三度空间进行变化,使建筑造型在韵律变化上取得更多的变化手法。例如苏联巴库十六层塔式试验住宅,在平面上的阳台采用简单的阶梯式变化,而在垂直方向上的阳台则采用间隔使用栏板的交错式变化,从而在形体上形成特有的斜向韵律效果。

四、均衡

均衡是人们在与重力做斗争的实践中逐渐形成的与重力有联系的审美观念。人眼习惯于物体前后、左右轻重关系均衡的组合,给人安全、舒服的感受。因此,均衡是对建筑构图中各要素左与右、前与后之间相对轻重关系的处理,通常分为静态和动态均衡两种。静态均衡是指在相对静止条件下的均衡;动态均衡是不等质和不等量的形态。静态的均衡有两种基本形式:对称与不对称。

（一）对称均衡

对称均衡指中轴线两侧必须保持严格的制约关系,这种对称的建筑给人以端庄、严整的感觉,因而一些重要的建筑物常借助强化轴线两侧及端部的处理以突出中心轴线,达到加强建筑物庄重、严整气氛的目的。

（二）不对称均衡

不对称均衡主要是依据力学中力矩平衡原理,以入口处为平衡中心,利用平衡中心两侧的体量大小、高低及距中心的距离与形体的质感、色彩、虚实等要素求得两侧体量的大体平衡。如高耸的体量与横向水平体量取得平衡,小体量、质感重与大体量、质感轻的材料做的墙面取得平衡,小体量实墙与大体量开设较大窗户的墙面取得平衡,小面积深色与大面积浅色取得均衡,等等。

稳定与均衡密切相关。稳定主要指建筑整体上下之间的轻重关系给人的美感。要获得稳定的感觉,建筑形体一般是底面积大、重心低,即上小下大、上轻下重。获得稳定感的手法主要有以下几个方面:利用体量和体形的组合变化使建筑的体量从下向上逐渐缩小,通过尽可能降低重心求得稳定;结合功能要求,将建筑形体的底部做"基座"式或裙房处理,通过增大基底面积求得稳定;利用材料的质感、色彩给人以不同重量感求得稳定(如上浅下深,下面用石料砌筑或装修,利用"虚轻实重",上面以玻璃为主,下面以实墙为主)。

五、比例和尺度

在建筑造型设计中,比例是指建筑整体、各体部及细部之间的相对尺寸关系,比如大小、长短、宽窄、高低、粗细、厚薄、深浅、多少等都需要有一种和谐的比例关系,只有这样才能给人以美感。在建筑外观上,矩形最为常见,建筑物的轮廓、门窗、开间等都形成不同的矩形,如果这些矩形的对角线有某种平行或垂直、重合的关系,那将有助于探求和谐的比例关系。对于高耸的建筑物或距观赏点较远的建筑部位,应该考虑因透视作用而使比例失调,在设计中可运用这一特征进行特殊处理。

早在公元前 6 世纪,古希腊哲学家毕达哥拉斯为了推敲比例,曾把一条有限长度的直线分为长短两段,反复加以改变和比较,最后得出结论:"短比长"相等于"长比全"是最佳的比例效果。古希腊美学大师柏拉图把该比例称为"黄金分割"。黄金分割比例运用到建筑造型设计中,可使建筑形式更具逻辑关系。

尺度是指建筑物的整体或局部与人体之间在度量上的制约关系,用以表现建筑物正确的尺寸或者表现所追求的尺寸效果。几何形状本身并没有尺度,比例也只是一种相对的尺度。只有通过与人或人所习见的某些建筑构件(如踏步、栏杆等)和其他参照物(如汽车、家具、设备等)来作为尺度标准进行比较,才能体现出建筑物的整体或局部的尺度感。

例如,同样是门口的设计,可以设计得让人感觉小巧而亲切,也可以设计得让人感觉大而重要(见图 4-13)。

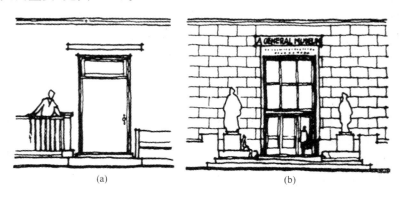

(a)   (b)

图 4-13　尺度感的获得

(a)小巧而亲切　　(b)大而重要

尺度与环境空间的关系非常密切。同样尺度的物体在室内可能恰到好处,放到室外则会感觉太小,甚至产生截然不同的效果,这是由与环境尺度的比较而形成的。

尺度效果一般包括以下 3 种类型:

(1)自然尺度,是以人体的大小度量建筑的实际大小的方法来确定建筑的尺寸大小的,一般用于住宅、中小学、幼儿园、商店等建筑物的尺寸确定。

(2)夸张尺度,有意将建筑的尺寸设计得比实际需要大些,使人感觉建筑物雄伟、壮观,一般用于纪念性建筑和一些大型的公共建筑。

例如,中山大学永芳堂设计方案中,夸张尺度的牌楼、高墙、大型台阶,使整个建筑显得雄伟壮观,也增加了空间层次(见图 4-14)。

图 4-14 夸张尺度

(3)亲切尺度,将建筑物的尺寸设计得比实际需要小一些,使人们获得亲切、舒适的感受,一般用于园林建筑的尺寸确定。

比例与尺度是建筑设计形式中各个要素之间的逻辑关系。一切建筑物体都是在一定尺度内得到适宜的比例,比例的美也是从尺度中产生的。

第三节　现代建筑体型与立面设计

一、建筑体型组合

（一）不同体型特点和处理方法

1. 单一体型

这类建筑的特点是平面和体型都较完整单一，平面形式多采用对称式的正方形、三角形、圆形、多边形、风车形、"Y"形等单一几何形状。单一体型的建筑，很容易给人以统一、完整、简洁大方、轮廓鲜明和印象深刻的效果。日本东京新大谷旅馆把不同用途的大小房间合理地、有效地加以简化概括在一个简单的"Y"形平面中，这种体型设计方法是建筑造型设计中常用的方法之一。

2. 单元组合体型

单元组合体型是单一体型的进一步发展，它是把整个建筑分解成若干个相同或相近的单元体，可以进行多种形式的组合，并能创造出不同风格的建筑形象。这种建筑体型广泛应用于住宅、学校、幼儿园、医院等。重庆人民路住宅按基地环境的道路走向和地形现状形成了阶梯式的单元组合体型。

3. 复杂体型

这类体型的特点是由于各种原因不能按上述两类体型方式处理而使得整个建筑由不同大小、数量和形状的体量所组成的较为复杂的体型。因此，不同体量彼此之间存在相互关系，如何正确处理这些关系是这类体型构图的重要问题。

复杂体型的组合应运用建筑构图的基本规律，将其主要部分、次要部分分别形成主体、附体，突出重点，主次分明，并将各部分有机联系起来，形成完整的建筑形象。下面列举几例分析一下体型设计中对构图规律的运用。

（1）运用统一规律的组合：杭州剧院的体型组合以主体为核心，从属部分环绕四周形成完整统一的整体。

（2）运用对比规律的组合：罗马尼亚派拉旅馆以强烈的方向对比求得变化；几内亚科纳克里旅馆以不同形状的对比求得变化。

（3）运用稳定规律的组合：上小下大、上轻下重的传统稳定概念，长期以来支配着人们的设计思想。由于技术的发展与进步，上大下小、上重下轻这种新的稳定概念早已建立，莱特设计的哥根哈姆美术馆就是一例。

（4）运用均衡规律的组合：均衡包括对称均衡、不对称均衡、动态均衡等形式。

（二）体型的转折和转角处理

体型的转折和转角都是在特定的地形、位置条件下强调建筑整体性、完整性的一种处理方法，如在十字路口、丁字路口以及其他任意角度和数量的道路交叉口的转角地带，以及不同程度地形变化曲折的不规则地段，建筑也常做相应的转角或转折处理以保持和地形地段相协调，从而达到既充分利用地形又使建筑形象化的目的。顺着自然地形或折或曲的建筑转折体型实际上是矩形平面的一种简单变形和延伸，而且常常保留有价值的树木、水池，具有适应性强的优点，以及使建筑造型具有自然大方、简洁流畅、统一完整的艺术效果。因此，这种体型成为等高单一体型中的重要组成部分，也是转角地段常见的重要处理方式之一。由于它体型上处理方式的统一，适合于重要性相似的两条主要道路交叉口（见图 4-15）。

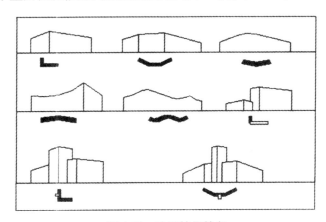

图 4-15　地形转折转角

此外，在转角地段还有以主副体相结合的建筑体型处理方式和以局部升高的塔楼为重点的建筑体型处理方式。如果把等高的单一性转折体型称为整体式，那么后两种建筑体型就是组合体式。以主副体形式处理时常把建筑主体面临主要街道(一般在长度上或高度上均大于副体),而副体则起到陪衬作用面临次要街道。这种由两三块体量组成的体型,主次分明、体型简洁,在公共建筑和居住建筑中的转角布置中常见,适合于道路主次分明的交叉口,一般常作不对称形式处理。以局部升高的塔楼为重点的转角处理,由于把建筑的中心移向转角处,使道路交叉口非常突出、醒目,而常形成建筑布局的"高潮",塔楼不但起着联系左右副体而且常形成控制左右道路和广场的作用,是一般市中心、繁华街道以及具有宽阔广场的交叉口处常常采取的主要建筑造型手法,突出宏伟、壮观的城市面貌。此外,在街道两边布置对称的转角塔楼还常作为重要道路强调其入口的一种处理方式。

除了上述情况外,还有许多其他的转折和转角的处理方式,如不同形式的单元体可以组合成各种不同的转折和转角方式。在高低起伏变化的山地也有许多相应的特殊处理手法,在体型组合上可能比上述体型更为复杂,因此要结合具体条件,灵活处理。

(三)体量间的联系和交接

由不同大小、高低、形状、方向的体量组合成的建筑,都存在着体量之间的联系和交接处理。这个问题处理得是否得当,直接影响到建筑体型的完整性,同时和建筑物的结构构造、地区的气候条件、地震烈度以及基地环境等有密切的关系。

建筑体型组合中当不同方向体量交接时,一般以正交为宜(即相互垂直),尽可能避免锐角交接的出现。因为锐角交接,不论是在内部空间组合还是外部造型处理上,以及建筑结构、构造、施工等方面,都会有不利影响。但有时由于地形的限制以及其他特殊因素的影响,不可避免地会出现锐角交接,为了便于内部空间的组合和使用,应加以适当修正(见图 4-16)。

图 4-16 对锐角交接的修正

各体量之间的联系和交接的形式是多种多样的,归纳起来不外乎就是两大类4 种形式:一类是直接连接,包括拼接和咬接两种,具有造型集中紧凑、内部交通短捷等特点;另一类是间接连接,包括廊连接和连接体连接两种,具有建筑造型丰富、轻快、舒展、空透以及各体量各自独立、有利于庭园组织等特点。

一个完整的、干净利落的体量组合,不管如何复杂,都应该能被分解成若干独立完整的简单几何体。所谓组合就是互相重叠、相嵌、穿插的关系,这样才能给人以体型分明、交接明确的感觉。

二、立面设计

(一)比例与尺度

1.立面比例设计

1)基于严格数字关系的比例

这类比例是指局部与局部、局部与整体,或某一个体与另一个体之间的数值、数量或程度上的"数的和谐"关系。最常见的连续比例数列是算术数列(等差数列)和几何数列(等比数列)。算术数列中相邻数字之差为常数,即:

$$A-B=C-B=D-C=\cdots \quad (如:1,2,3,\cdots 或\ 7,9,11,\cdots)$$

而几何数列中相邻数字之比为定值,即:

$$A:B=C:B=D:C=\cdots \quad (如:1,2,4,\cdots 或\ 4,6,9,\cdots)$$

除此之外,还有为人熟知的"黄金比例"。事实上,黄金比数列是一种特殊的几何数列,它所具有的奇妙代数与几何特征也正是其存在于生命机体与建筑结构中的形式美规律,即:

$$A:B=B:(A+B)\approx 0.618(式中\ B>A)$$

建筑师将这种数字比例关系运用到空间或立面上,总结出一些兼具美感和理性关系的图形划分与组合定式。利用等量或和谐数列关系来推导平面、推敲立面体量以及门窗洞口的高宽比,找出等同或相似关系,绘制出规律控制线,是建筑用以增强其数理逻辑的思路与先导因素之一,但并非处理立面所恪守的机械"处方"。

2)可以直观把握的比例

并非所有具备良好视觉感受的比例都基于严密的数字关系,更不能寄希望于它能带来近乎神秘的绝对完美。更多时候还是以直观把握比例感觉为主,将各部分配置出均衡的形式美感。就连热衷于比例造型的柯布西耶也反复强调比例的灵活性与可选择性。

比例理论虽然不是现代建筑理论的中枢,但是,运用算术或几何学的规律来推动创作,仍然是行之有效、颇具意义的手段之一。

2.立面尺度设计

与比例一样,尺度也是数量之间的比较衡量关系;但比例强调数的和谐的绝对性,而尺度则偏重量化的相对感受,是根据某些已知标准或公认的常量尺寸与未知尺寸对比后所做的判断。形状、大小都相同的两个建筑立面图上,如果画有不同尺寸、不同行数的窗洞,我们很容易根据窗洞行数来直观判断建筑层数,并进一步推断建筑总高。由此可见,参照单元不同,就可能引起完全不同的尺度判别。在很多建筑立面上,既可找到与人体相匹配的一套尺度体系,同时还可读出关乎整个城市的另一套尺度:如高大的雨篷之下还设计了尺度宜人的入口与细致的门扇,既兼顾建筑整体性,又考虑到与人近距离接触贴和部位的亲和力与使用便捷;又如在建筑外部楼梯栏板扶手的处理上,为了不至于使其相对建筑立面显得太过纤细,就需刻意扩大尺度或采用厚重材料来强调块面感,而其内侧则根据手扶时的合宜高度安装直径 60 mm 左右的舒适扶手。

(二)虚实与凹凸

1.立面虚实设计

立面的虚是指行为或视线可以通过或穿透的部分,如空廊、架空层、洞口、玻璃面等。立面的实是指行为与视线不能通过或穿透的部分,如墙、柱等。在立面设计中,要巧妙地处理好虚实关系,以取得生动的立面效果。

1)虚实对比

在立面设计中,分清各个立面的虚实对比关系,就是要确定哪个面以实为主,哪个面以虚为主。"虚"多"实"少,建筑显得轻盈;"实"多"虚"少,建筑显得厚重。考虑建筑物的日照、通风、采光的需求,一般南立面基本上以虚为主,北立面及东、西立面基本上以实为主。对于有景观要求的建筑,可将面向景观的立面处理成虚面,而将背向景观的立面处理成以实为主。

2)虚实穿插

在立面设计中,虚实部分相互渗透,做到虚中有实、实中有虚,称为虚实穿插。在虚立面中利用结构柱、局部实墙面、装饰性符号等对虚面进行分割性点缀,以求虚中有实;在实立面中可以利用窗洞以及面的凹凸所产生的阴影打破以实为主的沉闷感。

2.立面凹凸设计

立面上的凹进部分如凹廊、凹进的门洞等,凸出部分如挑檐、雨篷、遮阳、阳台、凸窗以及其他突出部分等,大都是根据使用上、结构构造上的需要形成的。凹凸关系和虚实关系一样都是相对的,互为依存,相辅相成。立面上各种凹凸部分的处理,可以丰富立面轮廓、加强光影变化、组织节奏韵律、突出重点、增加装饰趣味等。大的凹凸变化犹如波涛澎湃,给人以强烈的起伏感;小的凹凸变化犹如微波荡漾给人以平静柔和的感觉,突然孤立的凸出或凹进,犹如平地惊雷,接天洪峰,给人触目惊心的感觉。

(三)线条

由于体量的交接、立面的起伏以及色彩和材料的变化、结构与构造的需要,会在立面形成若干方向不同、大小不等、长短各异的线条。正确运用这些不同类型的线条(如柱、遮阳、带形窗、窗间墙、挑廊等)并加以适当的艺术处理(如粗细、长短、横竖、曲直、凹凸、疏密与简繁、连续与间断、刚劲与柔和等),可给建筑立面韵律的组织、比例尺度的权衡带来不同的效果。如北京建外公寓强调水平线条,给人以轻快、舒展、亲切的感受。又如北京人民大会堂强调垂直线条,给人以雄伟、庄严的感受。

(四)色彩和质感

1.立面色彩设计

建筑色彩处理,主要包括色调选择和色彩构图两个方面,其具体内容有以下两个方面。

1)色调选择

色调就是立面颜色的基调,色调选择主要考虑以下 5 个方面:

(1)该地区的气候条件。南方炎热地区宜用高明度的暖色、中性色或冷色,北方寒冷地区宜用中等明度的中性色或暖色。

(2)与周围环境的关系。首先要确定本建筑在周围环境中的地位。如果是该环境中艺术处理的重点,对比可以强一些;如果只是环境中的陪衬,色彩宜与环境融合协调。

(3)建筑的性格和体量。给人安宁、平静感觉的建筑宜用中性色或低明度的冷色,给人热烈欢快感觉的建筑宜用明度高的暖色或中性色。体量大的建筑宜用明度高、彩度低的色彩,体量小的建筑彩度可以稍高。

(4)民族传统与地方风格。各民族对色彩有不同偏爱,地方的风俗习惯也会影响色彩的选择。

(5)表面材料的性能。充分利用表面材料的本色既可节省投资,也显得自然。当使用饰面材料时,应研究它的施工方法、耐久程度和经济效果。

2)色彩构图

色彩构图是指立面上色彩的配置,包括墙面、屋面、门窗、阳台、雨篷、雨水管、装饰线条等的色彩选择。一般以大面积墙面的色彩为基调色,其次是屋面;而出入口、门窗、遮阳设施、阳台、装饰及少量墙面等可作为重点处理,对比可稍大些。在色彩构图时,应利用色彩的物理性能(温度感、距离感、重量感、诱目性)以及对生理、心理的影响(疲劳感、感情效果、联想性等),提高艺术表现力。此外,照明条件、色彩的对比现象、混色效果等也应予以重视。

一般来说,对比强的构图使人兴奋,过分则刺激;对比弱的构图感觉淡雅,过分则单调;大面积的彩度不宜过高,过高刺激感过强;建筑物色相采用不宜过多,过多会使色彩紊乱。

在设计建筑立面的时候,外墙饰面材料颜色的选择是极为重要的。白色是一种神奇的颜色,在光与影的作用下,会变换出无穷的色彩与空间;白色还使得所有材质的差异得到充分的表现。善于运用白色表现建筑的建筑师理查德·迈耶,将建筑全部外墙面处理为白色,在不同季节与不同时间的光影作用下该建筑外墙会产生不同的色彩效果,能给人更多的空间想象和追求。

2.立面质感设计

在设计立面时,往往先确立质感基调,然后在统一基调的基础上,通过建筑各部分材质之间的对比和变化,使立面表现出强烈的质感特色。建筑立面处理中常运用不同材料的质感的适当配置来达到所要求的建筑气氛。一般来说,表面粗糙的材料质感从感官上显得厚重坚实,表面光滑的材料质感显得轻巧细腻;石块墙面显得粗犷厚重,清水砖墙显得简洁亲切,混凝土、抹灰、涂料或面砖墙面显得平静、轻快,玻璃墙面显得轻松、活泼。

在一些地区,运用当地材料建造建筑物,可取得浓郁的地域性特色。可以说,在选择大面积的外墙色彩时,一般都以淡雅的色调为多。在此基色上,再适当选择一些与其相协调或对比的色彩进行有机组合,从而获得良好的效果,因为材料的色彩与质感会带给人们视觉的冲击和联想空间。

（五）重点与细部

建筑物的体形高大、体表宽阔，其中一些需要引起人们注意的部件（如建筑的主入口以及与主入口贴临的墙体、雨棚、花坛，某些建筑标志性构件如钟塔、各类标志等），一般都会做重点处理，用以强调建筑的个性，从而吸引人们的视线。俗话说"好钢用在刀刃上"，要让重点与细部设计真正起到"画龙点睛"的效果。

第五章　建筑材料与现代建筑的经济设计

　　建筑材料是指人居环境构筑物所需材料的总称,它涉及人类衣食住行、工作、学习、娱乐等各个方面,既是人类社会发展的物质基础,也是人类文明进步的里程碑。

　　任何建筑都存在着技术、经济的问题。建筑空间和建筑造型的构成,都要以一定的工程技术为手段;一定的功能必须要有与之相适应的空间形式。然而,这种空间形式的获得,主要取决于工程结构和技术的发展。本章首先对建筑材料的分类及其现代新技术进行阐释,而后对现代建筑的技术经济指标与经济性评价、现代建筑设计中的经济性问题进行分析。

第一节　建筑材料的分类及其现代新技术

一、建筑材料的分类

　　随着材料科学和材料工业的不断发展,各类新型建筑材料不断涌现。通常按材料的化学成分、使用目的及使用功能将建筑材料进行分类。

(一)按化学成分分类

　　根据材料的化学成分,建筑材料可分为无机材料、有机材料及复合材料3大类,见表5-1。

表 5-1　建筑材料按化学成分分类

分　类			材料举例
无机材料	金属材料	黑色金属	钢、铁及其合金、合金钢、不锈钢等
		有色金属	铜、铝及其合金等
	非金属材料	天然石材	砂、石及石材制品
		烧土制品	黏土砖、瓦、陶瓷制品等
		胶凝材料及制品	石灰、石膏及制品、水泥及混凝土制品、硅酸盐制品等
		玻璃	普通平板玻璃、特种玻璃等
		无机纤维材料	玻璃纤维、矿物棉等
有机材料	植物材料		木材、竹材、植物纤维及制品等
	沥青材料		煤沥青、石油沥青及其制品等
	合成高分子材料		塑料、涂料、胶黏剂、合成橡胶等
复合材料	有机与无机非金属材料复合		聚合物混凝土、玻璃纤维增强塑料等
	金属与无机非金属材料复合		钢筋混凝土、钢纤维混凝土等
	金属与有机材料复合		PVC 钢板、有机涂层铝合金等

（二）按使用目的分类

建筑材料按使用目的可分为如下几类：

（1）结构材料（建筑物骨架，如梁、柱、墙体等组合受力部分的材料），如木材、石材、砖、混凝土及钢铁等。

（2）装饰材料（如内外装饰材料、地面装饰材料），如瓷砖、玻璃、金属饰板、轻板、涂料、粘铺材料、壁纸等。

（3）隔断材料（以防水、防潮、隔音、隔热等为目的而使用的材料），如沥青、嵌缝材料、双玻璃及玻璃棉等。

（4）防火耐火材料（以提高难燃、防烟及耐火性等性能为目的的材料），如防火预制混凝土制品、石棉水泥板、硅钙板等；此外，还有兼顾防火、耐火及隔断多方面功能的装饰材料。

（三）按使用功能分类

根据材料功能及特点，建筑材料可分为建筑结构材料、墙体材料和建筑功能材料。

（1）建筑结构材料主要是指构成建筑物受力构件和结构所用的材料。如梁、板、柱、基础、框架及其他受力件和结构等所用的材料都属于这一类。对这类材料主要技术性能的要求是强度和耐久性。目前，所用的主要结构材料有砖、石、水泥混凝土和钢材及两者的复合物——钢筋混凝土和预应力钢筋混凝土。在相当长的时期内，钢筋混凝土及预应力钢筋混凝土仍会是我国建筑工程中的主要结构材料之一。随着工业的发展，轻钢结构和铝合金结构所占的比例将会逐渐加大。

（2）墙体材料是指建筑物内、外及分隔墙体所用的材料，有承重和非承重两类。因墙体在建筑物中占有很大比例，故合理选用墙体材料对降低建筑物的成本、节能和使用安全耐久性等都是很重要的。目前，我国大量采用的墙体材料为砌墙砖、混凝土及加气混凝土砌块等。此外，还有混凝土墙板、石膏板、金属板材和复合墙体等，特别是轻质多功能的复合墙板发展较快。

（3）建筑功能材料主要是指担负某些建筑功能的非承重用材料，如防水材料、绝热材料、吸声和隔声材料、采光材料、装饰材料等。这类材料的品种、形式繁多，功能各异。随着国民经济的发展以及人民生活水平的提高，这类材料将会越来越多地应用于建筑物上。

一般来说，建筑物的可靠度与安全度主要取决于由建筑结构材料组成的构件和结构体系；而建筑物的使用功能与建筑品质，主要取决于建筑功能材料。此外，对某一种具体材料来说，可能兼有多种功能。

二、建筑材料新技术

（一）新型混凝土技术

1.绿化混凝土技术

绿化混凝土是指能够适应绿色植物生长、进行绿色植被的混凝土及其制品。绿化混凝土用于城市的道路两侧及中央隔离带、水边护坡、楼顶、停车场等部位，可以增加城市的绿色空间，调节人们的生活情绪，同时能够吸收噪音和粉尘，对城市气候的生态平衡起到积极作用，是符合可持续发展原则、与自然协调、具有环保意义的混凝土材料。

1)绿化混凝土的原料组成

绿化混凝土共有 3 种类型,其基本结构和材料组成如下:

(1)孔洞型绿化混凝土块体材料。孔洞型绿化混凝土块体制品的实体部分与传统的混凝土材料相同,只是在块体材料的形态上设计了一定比例的孔洞,为绿色植被提供空间。

施工时将块体材料拼装铺筑,形成部分开放的地面。由于这种绿化混凝土块铺筑的地面有一部分面积与土壤相连,在孔洞之间可以栽植绿色植物,增加城市的绿色面积。这类绿化混凝土块适用于停车场、城市道路两侧树木之间。但这种地面的连续性较差,且只能预制成制品进行现场拼装,不适合大面积、大坡度、连续型地面的绿化。目前这种产品在我国已逐渐应用开来。

(2)多孔连续型绿化混凝土。连续型绿化混凝土以多孔混凝土作为骨架结构,内部存在一定量的连续孔隙,为混凝土表面的绿色植物提供根部生长、吸收养分的空间。

①多孔混凝土骨架。多孔混凝土骨架是由粗集料和少量的水泥浆体或砂浆构成的。一般要求混凝土的孔隙率达到 $18\%\sim30\%$,且要求孔隙尺寸大,孔隙连通,有利于为植物的根部提供足够的生长空间;肥料等填充在孔隙中,为植物的生长提供养分。由于内比表面积较大,可在较短龄期内溶出混凝土内部的氢氧化钙,从而降低混凝土的碱性,有利于植物的生长。为了促进碱性物质的快速溶出,可在使用前放置一段时间,利用自然碳化降低碱度,或掺入高炉矿渣等掺合料,利用火山灰与水泥水化产物的二次水化减少内部氢氧化钙的含量,也可以使用树脂类胶凝材料代替水泥浆。

②保水性填充材料。在多孔混凝土的孔隙内填充保水性的材料和肥料,让植物的根部生长深入这些填充材料之内,吸收生长所必要的养分和水分。如果绿化混凝土的下部是自然的土壤,保水性填充材料能够把土壤的水分和养分吸收进来,供植物生长所用。保水性填充材料由各种土壤的颗粒、无机的人工土壤以及具吸收性的高分子材料配制而成。

③表层客土。在绿化混凝土的表层铺设一薄层客土,为植物种子发芽提供空间,同时防止混凝土硬化体内的水分蒸发过快,并供给植物发芽后初期生长所需的养分。为了防止表层客土的流失,通常在土壤拌入黏结剂,采用喷射施工将土壤浆体黏附在混凝土的表面。

这种连续型多孔绿化混凝土适合于大面积、现场施工的绿化工程,尤其是用于大型土木工程之后的景观修复等。作为护坡材料,由于基体混凝土具有一定的强度和连续性,同时能够生长绿色植物。采用这种绿化混凝土技术实现了人工与自然的和谐与统一。

(3)孔洞型多层结构绿化混凝土块体材料。这是一种采用多孔混凝土并施加孔洞、多层板复合制成的绿化混凝土块体材料。上层为孔洞型多孔混凝土板,在多孔混凝土板上均匀地设置直径大约为 10 mm 的孔洞。多孔混凝土板本身的孔隙率为 20% 左右,强度大约为 10 MPa。底层是不带孔洞的多孔混凝土板,孔径及孔隙率小于上层板,作成凹槽型。上层与底层复合,中间形成一定空间的培土层。上层的均匀分布小孔洞为植物生长孔,中间的培土层填充土壤及肥料,蓄积水分,为植物提供生长所需的营养和水分。

2)绿化混凝土的配合比设计

孔洞型绿化混凝土块体及孔洞型多层结构绿化混凝土块体的配合比设计和制作方法与普通混凝土及其制品的基本相同。多孔连续型绿化混凝土是以透水性混凝土作为基本骨架的。此外对于绿化混凝土还应注意以下几点:

(1)选择水泥时应尽量选择碱性低的水泥。可以使用普通水泥、矿渣水泥、粉煤灰水泥等,但需要降低游离石灰的溶出,以不对动植物产生影响同时不使耐久性下降为宜。为此,最好使用 C_3S 少的水泥或掺加火山灰质混合材的水泥。

(2)要合理选择集料粒径。为了使植草能够在混凝土孔隙内生根发芽并穿透至土层,要合理选择集料粒径,保证有一定的孔隙率、表面空隙率。表面空隙率小时,混凝土强度较好,对地面防护效果较好,但植生材料不容易填充,草的成活率低;表面空隙率过大时,容易产生直贯性孔隙,混凝土强度较低,影响混凝土对地面的防护功能,但草生长环境较好。粗集料级配一般选用单一粒级,如 10~20 mm 或 20~31.5 mm。

(3)要合理控制水灰比(W/C)和集灰比(G/C)。选择合理的水灰比和集灰比,保证绿化混凝土具有相互贯通的孔隙,以利于植物根系生长,具有良好的耐久性,可防护地面不被草根膨胀破坏。

2.混凝土超缓凝剂技术

外加剂作为现代混凝土不可或缺的组成部分,在混凝土中有举足轻重的作用。在高耐久性混凝土中,它解决了其低水胶比、低用水量与施工性之间的矛盾。目前我国在混凝土技术中使用最多的是减水剂,其中以萘系高效减水剂的用量最大,但其生产十分分散,质量差别很大,不利于集约化生产和总体质量的提高。而用自行研制的 WH-Ⅱ型超缓凝剂,用量在 0.1%～0.3% 之间,具有以下作用:①调整坍落度经时损失率;②控制早期水化作用,避免水化热过分集中而引发混凝土开裂;③和高效减水剂互掺提高减水率;④提高后期强度,但可能早期强度不高;⑤改善抗冻融性能。

1)普通缓凝剂作用机理

对于缓凝剂的缓凝机理,有人结合水泥水化过程进行了一些研究工作。由于缓凝作用与水泥水化作用密切相关,作用机理比较复杂,至今还没有完满的分析理论和解释,比较常见的有下列几种机理假说:

(1)沉淀假说。沉淀假说认为无机物或有机物缓凝剂的缓凝作用是由于它们在水泥水化过程中,在水泥颗粒表面生成一层不溶性物质的薄膜,阻碍了水分子和水泥颗粒的进一步接触,因此延缓了水泥的水化反应速度。在这一过程中,缓凝剂分子往往先抑制的是铝酸盐组分的水化,进而对硅酸盐组分的水化也起到了抑制的作用,使 C-S-H 和 $Ca(OH)_2$ 的形成过程变慢。

(2)络盐假说。该假说主要针对无机盐类的缓凝剂。在水泥水化时,掺入的无机盐分子与溶液中的钙离子形成络盐,因而抑制了氢氧化钙结晶的析出。如水泥浆中掺入硼酸、酒石酸或其他盐类时,生成了与钙矾石 AFt 相似的化合物。由于水泥颗粒表面形成了一层厚实而无定型的络合物薄膜,从而延缓了水泥水化过程及其结晶的析出。

(3)吸附假说。应用水泥颗粒表面较强的吸附能力,它可以通过离子键、氢键和偶极键的作用,与一些物质分子结合形成一层抑制水化的缓凝剂膜,阻碍了水泥水化的过程,达到缓凝的效果。

(4)成核生成抑制假说。水泥水化的过程一般认为可分为诱导前期、诱导期和稳定期几个时期。成核生成抑制假说认为,缓凝机理是由于缓凝剂分子从诱导期到加速期阻碍了从液相中析出的氢氧化钙结晶成核,从而抑制了 C-S-H 的形成。

普通缓凝剂的这几种缓凝机理,各有其试验和理论基础,不过针对不同的缓凝剂有不同的缓凝机理,有时是一种缓凝机理发挥作用,有时是几种缓凝机理共同发挥作用,需要根据具体情况进行分析。

具体到各种缓凝剂,它们的作用又各有不同,下面阐述几种缓凝剂。

羟基羧酸类有缓凝作用,它们都延缓 $4CaO \cdot 3Al_2O_3 \cdot 3SO_3$ 的水化作用。大部分 C_4A_3S(即 $4CaO \cdot 3Al_2O_3 \cdot 3SO_3$)在最初的几小时之内与氢氧化钙、二水硫酸钙及 H_2O 作用,其水化放热迅速,凝结很快,而许多羟基羧酸类缓凝剂能使 C_4A_3S 的水化速度明显变慢。通过一系列研究后发现,羟基羧酸缓凝作用与它们具有的吸附作用有关。这些羟基羧酸分子被吸附在参加水化的固相以及 C_4A_3S 粒子周围的水化产物颗粒表面上,因此使水分子以及钙、硫酸根等离子靠近 C_4A_3S 粒子的程度变弱,使 C_4A_3S 的水化变慢。根据这个理论模型,水泥颗粒中的 C_3A 物质也能优先吸附那些羟基羧酸分子,使它们难以较快地生成钙矾石晶体,这就起到了缓凝效果。

磷酸盐类缓凝剂的作用随其成分不同而有所差异。二聚磷酸盐、三聚磷酸盐、四聚磷酸盐等都可以延缓水泥的凝结速度。它们的缓凝作用可能是在熟料相的表面上形成了"不溶性"的磷酸钙的原因。作为缓凝剂的磷酸盐溶于水生成了离子,它们先被吸附在颗粒表面上,生成另一种溶解度更小的磷酸盐薄层,这就阻碍了水泥有关组分的正常水化作用的进行,使 C_3A 的水化和钙矾石的形成过程都被延缓而起到了缓凝作用。

有机外加剂通常能延缓 C_3A 的水化,从而表现出缓凝性。在有些情况下,若水泥中的硫酸盐数量减少,不足以抑制相对于水泥的影响时,在没有足够的石膏存在的情况下,会析出含有三价铁离子的凝胶,它们能沉淀到正在水化的硅酸钙的成分的表面上,因而使水化减慢。有些缓凝剂的缓凝作用可能是因为形成得过早,产生了上述过程而延缓了凝结,也使强度增长较慢。这种作用常常是它们使水泥较长时间地被延缓凝结的主要原因。

2)超缓凝剂作用机理

超缓凝剂是 20 世纪 80 年代中末期日本首先开发研究出来的一种新型的混凝土外加剂。它是一种能够在长时间内(可超过 24 h 甚至 36 h)任意调节混凝土的凝结时间而不破坏混凝土性能的外加剂。

有资料报道,目前日本研究开发的混凝土缓凝剂的品种较多,但在工程中有效使用和市场上销售的品种却较少。应用较多的主要是两大类产品:一类是以含氧羧酸盐为主要成分的有机质非引气型超缓凝减水剂,另一类是以无机质材料硅氟化镁为主要成分的不具减水性能的超缓凝剂。

超缓凝剂的主要应用有:①用于大体积混凝土,防止发生温度裂缝;②减少坍落度损失,便于长距离运输;③调整作业时间,避开夜间施工;④改善接槎面的附着功能,代替人工凿毛。

有很多关于超缓凝剂的作用原理的研究,其中,水泥浆悬浮体结构阶段的水化机理研究表明,C_3S 与水接触后,氧离子转化为氢氧根离子,SiO_4^{4-} 转化为 $HnSi_4^{(n-4)}Ca^{2+}$(aq)。此时,原 C_3S 粒子表面形成一个富硅层,为维持电荷平衡,其表面吸附溶液中的钙离子,从而在水泥粒子表面建立起一个表面双电层。

试验表明,C_3S 和 ZETA 电位值为负值,并且随着水化龄期的增加其绝对值减小。人们可以把早期水化阶段的新拌水泥浆体看成是带有表面双电层的固相颗粒的分散体系。扩散双电层的厚度及 ε 电位的降低不仅与表面电荷的数量有关,而且与离子的价数、浓度、解离度有关。提高反离子的价数和浓度,可以压缩扩散层的厚度,并使 ε 电位迅速降低,导致水泥浆体凝聚作用加强,水泥开始凝结。与此相反,若交换离子的解离度大于高价离子,则它在交换过程吸附离子后,又进入扩散层,导致扩散离子增多,扩散层厚度增大。双电层结构由于扩散层增厚而 ε 电位提高,显示出水泥浆体的流动性增加,即交换离子对浆体起到了稀释作用,凝聚趋势减弱,初凝时间推迟,出现缓凝现象。

WH-Ⅱ型超缓凝剂是一种新型液体超缓凝剂。其主要成分是一种有机化工原料,其分子中含有较多的羟基。

缓凝剂对混凝土中后期强度的增强作用主要是由于缓凝剂在推迟水泥水化过程的同时,这种延缓作用将促使水泥的水化产物(晶体)更加充分和完整,令水化产物中晶体的排列更为有序、尺寸更大,因而硬化水泥石的网络结构更加致密,进而使内部孔隙减少。由于羟基在水泥浆的碱性介质中与游离的钙离子生成的络合物不稳定,随着水化的不断进行将自行分解,因而并不影响水泥的继续水化。从不掺缓凝剂的水泥浆体与掺缓凝剂的水泥浆体的水化产物的扫描电镜对比照片中可以看出:掺缓凝剂的试样比不掺缓凝剂的试样要致密,掺缓凝剂的试样比不掺缓凝剂的试样的晶体尺寸大、有序性好。

(二)新型装饰木材技术

时至今日,木材在建筑结构、装饰上的应用仍不失其高贵、显赫的地位,并以它特有的性能在室内装饰方面大放异彩,创造了千姿百态的装饰新领域。由于高科技的参与,木材在建筑装饰中又添异彩。目前,优质木材资源不足,为了使木材自然纹理之美表现得淋漓尽致,将优质、名贵木材旋切薄片,与普通材质复合,变劣为优,满足了消费者喜爱天然木材的心理需求。木材作为既古老又永恒的建筑材料,以其独具的装饰特性和效果,加之人工创意,在现代建筑新潮中创造了一种自然美的生活空间。

1.建筑装饰用木地板

木地板质轻而强、无污染物质、自然美观、保温性好、可调节湿度、不易结露、能缓和冲击。木材与人体的冲击、抗力都比其他建筑材料柔和、自然,有益于人体的健康,保护老人和小孩的起居安全。

1)实木地板

绝大多数针叶材材质都较软,而阔叶材绝大多数材质都硬。加工成实木地板的主要是阔叶材、进口材。针叶材直接做实木地板的比较少,在市场上一般作为3层实木地板的芯材。实木地板的品种有以下几种:

(1)平口地板,又称拼方木地板或平接地板,是机械加工成表面光滑、四周没有榫槽的长方形及六面体或工艺形多面体木地板。长方形的平口地板相邻面之间互相垂直,有的背面还有透胶槽。平口地板出材率高,设备投资低,成本价格相对低廉,铺设简单,一般采用与地面直接黏接的方式;用途广,不仅可作地板,也可作拼花板、墙裙装饰以及天花板吊顶等室内装饰。

(2)竖木地板,以木材横切面为板面,呈正四边形、正六边形或正八边形,其加工设备较为简单。加工过程的重要环节是木材的改性处理,关键是克服湿胀干缩开裂;可合理利用枝树、小径材以及胶合、筷子、牙签等生产剩余的圆木芯。

(3)企口地板,又称榫接地板或龙凤地板。该地板的纵向和宽度方向都开有榫头和榫槽;榫槽一般小于或等于板厚的1/3,槽略大于榫,绝大多数背面带有较狭的抗变形槽。企口地板目前在市场上最受消费者的青睐,其特点是地板间结合紧密、脚感好、工艺成熟。该地板的铺设,视地板的规格而定:小于300 mm的企口地板可采用平口地板铺设,即直接用胶黏地;大于400 mm的企口地板,必须用龙骨铺设法;双企口地板(每一块地板上开两个榫槽)可用龙骨铺设法,也可用悬浮铺设法。双企口地板采用不粘胶的悬浮铺设法,搬迁拆装灵活方便,不过加工工艺较平口地板复杂,价格较贵。

(4)其他企口地板。①实木指接企口地板。实木指接企口地板就是企口地板,其不同之处仅是原材料经过指接加长。它是由一定数量的具相同截面尺寸的长短不一的木料沿着纵向指接成长料,再加工成地板,称其为指接地板,如同时在地板的两侧均加工成榫或槽,则称为指接企口地板。该地板在指接长短料时,必须有相同的截面尺寸、相同的树种、相同的含水率。②集成企口地板。集成企口地板是由一定数量的相同截面尺寸的长短不一的木料沿着纵向指接成长料,同时又用相同截面的毛料沿着横向胶接拼宽的板称为集成板,再在该板的纵、横向加工榫和槽,称为集成企口地板。这种地板除具有指接企口地板的优点外,还具有集成板的优点。它克服了传统实木地板宽度、长度的限制,将规格尺寸加工成消费者所需要的各种尺寸,使地板长而宽,缩短铺设工期;可将该地板精心去除木材自然的和人工的缺陷,又重新排列组合而成,其在纵向和宽度方向的自然变形比没有经过组合的实木地板小得多。但其生产工艺复杂,价格较贵。

（5）拼花地板,又称木质马赛克,由多块小块地板按一定的图案拼接而成,呈方形,其图案有一定的艺术性或规律性,是一种工艺美术性极强的高级地板。以前仅依靠铺设单元在现场实施,加工的精度和施工效率均达不到要求。目前可采用整张化的铺设方法,使拼花图案达到工厂化的标准,加工精度、艺术效果和施工质量都有很大提高。

拼花地板的特点:观赏效果好,可根据设计要求和环境相协调,体现室内装饰格调的一致性和高档性;图案多变,工艺性高,原料丰富,出材率高。工艺设计应变性较高,大批量生产有困难。由于不同树种的拼合,木材含水率控制极其重要,稍有不慎,就成废品,所以废品率极高(见图 5-1)。

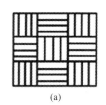 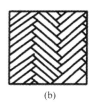 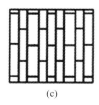

(a)　　　　　　(b)　　　　　　(c)　　　　　　(d)

图 5-1　拼花木地板图案
(a)正方席纹　(b)人字纹　(c)清水砖墙纹　(d)斜芦席纹

2)强化木地板

强化木地板为 3 层结构,表层为含有耐磨材料的三聚氰胺树脂浸渍装饰纸,芯层为中、高密度纤维板或刨花板,底层为浸渍酚醛树脂的平衡纸。强化木地板最大的特点是耐磨,经久耐用。其良好的耐磨性能主要在于表层纸中含有 Al_2O_3、碳化硅(市场上俗称红蓝宝石)。目前我国市场上销售的强化木地板表面的转数在 6 000～18 000 转;Al_2O_3 含量越高,转数越高。但是 Al_2O_3 的含量也不能大于 75 g/m³,因为含量过高后,其装饰纸表面清晰度就降低,对装饰纸的要求更严格,对刀具的硬度和耐磨性也相应提高,增加了生产成本。

装饰纸一般印有仿珍贵树种的木纹或其他图案。芯层以中高密度纤维板占多数,平衡纸放于强化木地板的最底层,它是通过垫层与地面接触的,其作用是防潮和防止强化木地板变形。平衡纸为半漂白或不漂白的亚硫酸盐木浆制成的牛皮纸,不加填料,要求具有一定的厚度和机械强度,需浸渍醛基树脂或深色的酚醛树脂。尺寸稳定性好,室内温湿度变化所引起的变化较实木地板小,吸水厚度膨胀率也较小。力学性能好,结合强度、表面胶合强度较大,冲击韧性都较好。耐污染腐蚀,抗紫外线,耐香烟灼烧,规格尺寸大,采用悬浮铺设方法,安装简捷,维护保养方便。

3)实木复合地板

实木复合地板实质上是利用优质阔叶材或其他装饰性很强的合适材料作表层,以材质较软的速生材或以人造板为基材,经高温高压制成的多层结构复合地板。结构的改变使其使用性能和抗变形性能有所提高。其共同的性能特点为:规格尺寸大,整体效果好,板面具有较高的尺寸稳定性,铺设工艺简捷方便。

(1)3层实木复合地板。3层实木复合地板的结构为表层、芯层、底层3部分。表层为优质硬木规格板条通过胶粘剂镶拼黏结而成的镶拼板,其厚度一般为4 mm;芯层是由普通材质松软的速生材或软阔叶材的规格木板条等组成,其厚度为8~9 mm,底层是旋切单板,其厚度为2 mm;3层结构用脲醛树脂胶热压而成。表层和芯层排列时,应使相邻木材的纹理相同,克服木材的各向异性。

(2)多层实木复合地板。多层实木复合地板是以多层胶合板为基材,表层以规格硬木片镶拼板或刨切薄木,通过脲醛树脂胶压制而成。表层镶拼面板采用优质硬木,其厚度常为1.2 mm,刨切薄木的厚度通常为0.2~0.8 mm,使用中必须重视维护保养。

2.建筑装饰墙用木材

1)木花格

木花格即为用木板和方木制成具有若干分格的木架,这些分格的尺寸或形状各不相同,具有优良的装饰效果。木花格宜选用硬木或杉木树材制作,并要求材质木节少,颜色好,无虫蛀和腐蚀等缺陷。

木花格具有加工制作比较简单、饰件轻巧纤细、表面纹理清晰等特点,适用于建筑物室内的花架、隔断、博古架等,能起到调整室内设计的格调、改进空间效能和提高室内艺术效果等作用,是今后室内装饰发展的方向。

2)护壁板

护壁板又称木台板,是与拼花木地板相配的墙壁装饰材料。在铺设拼花地板的房间内,同时采用护壁板装饰墙壁,可以使室内空间的材料格调一致,给人一种和谐整体景观的感受。护壁板可采用木板、企口条板、胶合板等装修而成,设计和施工时可采取嵌条、拼缝、嵌装等手法进行构图,以达到装饰墙壁的目的。护壁板主要用于高级宾馆、办公室和住宅等的室内墙壁装饰,其制作形式如图5-2所示。

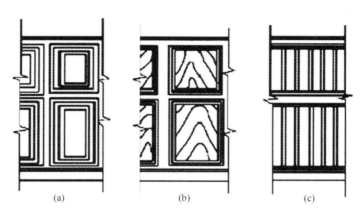

图 5-2　护壁板制作形式示例

(a)凸装板　(b)胶合板　(c)企口板

3)木装饰线条

木装饰线条又称木线条,是室内木装修施工中不可缺少的重要附件,可以起到画龙点睛的作用。木线条种类很多,主要有楼梯扶手、压边线、墙腰线、天花角线、弯线等,每类木线条的立体造型各异,断面形状多样,如平线条、半圆线条、麻花线条、半圆饰、齿形饰、浮饰、弧饰、S 形饰、十字花饰、梅花饰、雕饰、叶形饰等。建筑装饰工程上常用的木装饰边线如图 5-3 所示。

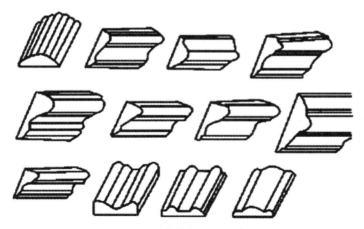

图 5-3　木装饰边线示意

建筑物室内采用木线条装饰,可增添古朴、高雅、亲切的美感。木线条主要用作建筑物室内墙面的墙腰饰线、墙面洞口装饰线、护壁板和勒脚的压条饰线、门框装饰线、顶棚装饰角线、栏杆扶手镶边、门窗和家具的镶边等。特别在我国园林建筑和宫殿式古建筑的修建工程中,木线条更是一种必不可少的装饰材料。

4)旋切微薄木

以根为原料,经水煮软化后,旋切成厚 0.1 mm 左右的薄片,再用胶黏剂粘贴在坚韧的纸上制成卷材或采用水曲柳、柳桉等树材,通过精密旋切,制得厚度为 0.2～0.5 mm 的微薄木,再采用先进的胶黏工艺,将微薄木粘贴在胶合板基材上,制成微薄木贴面板。

3. 常用的人造板材

林木是一种生长缓慢的天然材料。我国是森林资源贫乏的国家之一,这与我国飞速发展的基本建设事业形成日益突出的矛盾。因此充分利用木材加工中的边角碎料,生产各种人造板材,满足建筑装饰工程的需要,是综合利用木材的重要途径。凡以木材为主要原料或以木材加工过程中剩的边皮、碎料、刨花、木屑等废料进行加工处理而制成的板材,通称为"人造板材"。人造板材可以科学利用木材,提高利用率,达到与天然木材相同的功能。

1)纤维板

纤维板是将木材加工剩余的板皮、刨花、树枝等废料,经过破碎浸泡,研磨成木浆,再加入一定的胶料,经热压成型、干燥处理等工序制成的人造板材。根据成型时的温度和压力不同,纤维板可分为硬质、半硬质和软质 3 种。生产纤维板可使木材的利用率达 90% 以上。

纤维板材质均匀,强度一致,胀缩性小,抗弯强度高,不翘曲,不开裂,不腐朽,无木节,较耐磨,并有一定的绝热性。表观密度大于 800 kg/m³ 的硬质纤维板,可以代替木板用于室内墙面、天花板、门心板、地板、家具等。表观密度为 400～800 kg/m³ 的半硬质纤维板,制成带有一定孔形的盲孔板,表面施以白色涂料,兼有吸声和装饰作用,可作为室内的顶棚材料。表观密度低于 400 kg/m³ 的软质纤维板,可做保温隔热材料。

2)胶合板

胶合板是利用椴、桦、杨、松、水曲柳等原木,沿年轮旋切成大张薄片,经过干燥、涂胶,以各层纤维互相垂直的方向黏合热压而成的人造板材。胶合板的层数为奇数,最多已达 15 层。建筑装饰工程上常用的是三合板和五合板。胶合板具有幅面较大、表面平整、容易加工、材质均匀、强度较高、收缩性小、不翘不裂、花纹美丽、装饰性好等优点,是建筑装饰工程应用量最大的人造板材。

3)细木工板

细木工板是一种特种胶合板,其芯板用木板拼接而成,两面胶粘一层或二层样板。细木工板按其结构不同,可分为芯板条不胶拼细木工板和芯板条胶拼细木工板两种;按表面加工状态不同,可分为一面砂光、两面砂光和不砂光 3 种;按所使用的胶合剂不同,可分为Ⅰ类胶细木工板、Ⅱ类胶细木工板两种;按面板的材质和加工工艺质量不同,可分为一等、二等、三等 3 个等级。细木工板具有质坚、吸声、绝热等特点,适用于家具、各类车厢和建筑物内装修等。

(三)新型水泥技术

1.铝酸盐水泥

凡是以铝酸钙为主的铝酸盐水泥熟料磨细制成的水硬性胶凝物质称为铝酸盐水泥,代号 CA。根据需要也可在 Al_2O_3 含量大于 68% 的水泥中掺加适量的 Al_2O_3 粉制得。它是一种快硬、高强、耐腐蚀、耐热水泥。根据 Al_2O_3 含量的高低和水泥性能,铝酸盐水泥分为 4 类,这 4 类水泥的耐火度大致分别达到 1 500℃、1 600℃、1 700℃、1 750℃,是工程中常用的耐火胶凝材料铝酸盐水泥的矿物组成。

1)铝酸盐水泥的技术要求

铝酸盐水泥多为黄色或褐色的粉末状材料,其密度和堆积密度与普通硅酸盐水泥相近。根据国家标准 GB 201—2000 的规定,工程中主要要求细度、凝结时间和强度等技术指标(见表 5-2)。具体指标如下:

(1)细度。比表面积不小于 300 m^2/kg 或 0.045 mm 方孔筛筛余不得超过 20%。

(2)凝结时间。采用标准稠度砂浆所测定的不同种类铝酸盐水泥的凝结时间应满足规定要求。

(3)强度。各龄期强度不得低于规定的要求。

表 5-2 铝酸盐水泥的技术要求

性能指标		水泥种类			
		CA-50	CA-60	CA-70	CA-80
细度		比表面积不小于 300 m²/kg 或 0.045 mm 方孔筛筛余不得超过 20%			
凝结时间	初凝结时间 (min)不早于	30	60	30	30
	初凝结时间 (min)不迟于	6	18	6	6
抗压强度 (MPa)	6 h	20	—	—	—
	1 d	40	20	30	25
	3 d	50	45	40	30
	28 d	—	85		
抗折强度 (MPa)	6 h	3.0	—	—	—
	1 d	5.5	2.5	5.0	4.0
	3 d	6.5	5.0	6.0	5.0
	28 d	—	10.0		

2)铝酸盐水泥的技术特性

铝酸盐水泥通常具有以下技术特性:快凝早强,1 d 强度可达最高强度的 80%以上;水化热大,且放热量集中,1 d 内放出水化热总量的 70%~80%,使混凝土内部温度上升较高,故即使在 -10℃下施工,铝酸盐水泥也能很快凝结硬化;因其水化后无 $Ca(OH)_2$ 及水化铝酸三钙生成而使其抗硫酸盐腐蚀的能力很强;其水化物的耐热性好,可使其水化物结构耐 1 400℃高温;具有后期强度降低的特点,故其长期强度可能有所降低,一般降低 40%~50%。在自然条件下,铝酸盐水泥长期强度下降有一个最低稳定值。

按国家标准 GB 201—2000《铝酸盐水泥》的规定,其最低稳定强度值以试件脱模后放入(50 ± 2)℃水中养护,取龄期为 7 d 或 14 d 强度值的较低者。

关于铝酸盐水泥长期强度降低的原因很复杂,它是由以下多种因素综合作用的结果:

(1)铝酸盐水泥主要水化产物 CAH_{10} 和 C_2AH_8 为亚稳晶体结构,经过一定时间后,特别是在较高温度及高湿度环境中,易转变成稳定的呈立方体结构的 C_3AH_6;而新立方体晶体结构相互搭接差,其骨架强度也较低。

(2)在晶形转化的同时,固相体积将减缩约 50%,使水泥石结构的孔隙率增加。

(3)在晶体转变过程中析出大量游离水,进一步降低了水泥石结构的密度,导致强度下降。

3)铝酸盐水泥的应用

铝酸盐水泥快硬早强的特点使其更适用于某些要求早强快硬的工程结构和临时性结构工程,如各种抢修工程、紧急军事工程;利用其在高温下结构较稳定的特点,可以用于高温环境的结构工程,如高温窑炉的炉体和炉衬、高温车间的部分结构等;利用其耐软水及盐类腐蚀的特点,可以用于某些腐蚀环境中的工程。此外,铝酸盐水泥快硬高强、颜色较浅且对颜料的适应性较好、可在表面析出大量氢氧化铝胶体而使表面致密光亮这些特性又使其适合于制作各种人造石、彩色水磨石等水泥制品。

因为铝酸盐水泥的后期强度增长潜力很小,尤其是在较高温度环境中还可能产生后期强度的部分倒缩现象,所以它不适合应用于长期承重的结构及高温高湿环境中的工程。当用于长期承载的结构工程时,铝酸盐水泥应采用较低的水灰比,以获得足够的稳定强度。实践证明,当铝酸盐水泥的水灰比小于 0.40 时,由于其早期强度较高,即使后期因温度升高而产生晶形转化,并在强度产生部分倒缩后,仍能保持较高的稳定强度。

为获得较高的早期强度,铝酸盐水泥应尽可能避免在高温季节施工,尤其不能进行蒸汽养护;其适宜的施工温度为 15℃,不宜大于 25℃。工程实际中,铝酸盐水泥一般不得与硅酸盐水泥或石灰混合使用。铝酸盐水泥不得长期存放,存放时注意防潮防水;也不得混放。

2. 硅酸盐水泥

凡由硅酸盐水泥熟料、0~5%石灰石或粒化高炉矿渣、适量石膏磨细制成的水硬性胶凝材料,称为硅酸盐水泥(即国外通称的波特兰水泥)。硅酸盐水泥分两种类型,不掺加混合材料的称为Ⅰ型硅酸盐水泥,用代号 PⅠ表示(P 为波特兰"Portland"的英文字首);在硅酸盐水泥粉磨时掺入不超过水泥质量 5%的石灰石或粒化高炉渣混合材料的称为Ⅱ型硅酸盐水泥,用代号 PⅡ表示。

1)生产过程

硅酸盐水泥的生产过程通常可分为 3 个阶段：生料制备、熟料煅烧、水泥制成及出厂。

(1)生料制备。石灰石原料、黏土质原料与少量校正原料经破碎后，按一定比例配合、磨细并调配为成分合适、质量均匀的生料，称为生料制备。

(2)熟料煅烧。生料在水泥窑内煅烧至部分熔融，得到以硅酸钙为主要成分的硅酸盐水泥熟料，称为熟料煅烧。

(3)水泥制成及出厂。熟料加适量石膏、混合材料共同磨细成粉状的水泥，并包装或散装出厂，称为水泥制成及出厂。生料制备的主要工序是生料粉磨，水泥制成及出厂的主要工序是水泥的粉磨。因此，也可将水泥的生产过程即生料制备、熟料煅烧、水泥制成及出厂这 3 个阶段概括为"两磨一烧"。实际上，水泥的生产过程还有许多工序环节，所谓"两磨一烧"，不过是将水泥生产中的主要工序高度浓缩而已。不同的生产方法、不同的装备技术，其水泥生产的具体过程还有差异。

2)生产方法

水泥的生产方法主要取决于生料制备的方法及生产的窑型。目前主要有两种分类方法，即按生料制备的方法来分，分为湿法、干法。

(1)湿法。将黏土质原料先经淘制成黏土浆，然后与石灰质原料、铁质校正原料和水按一定比例配合喂入磨机制成生料浆，生料浆经调配均匀并符合要求后喂入湿法回转窑煅烧成熟料的方法称为湿法生产，简称为湿法。湿法生产中料浆水分占 32%～40%。将湿法制备的生料浆脱水烘干后破碎，生料粉入窑煅烧，称为半湿法生产，也可归入湿法，但一般称为湿磨干烧。

(2)干法。将原料同时烘干与粉磨（或先烘干后再粉磨）成生料粉，而后经调配、均化，符合要求后喂入干法窑内煅烧熟料的生产方法称为干法生产，简称为干法。干法生产中生料以干粉形式入窑。将干法制得的生料粉调配均匀并加入适量水，制成料球喂入立窑或立波尔窑内煅烧成熟料的方法称为半干法，半干法料球含水 12%～15%。也可将半干法归入干法。

按煅烧熟料窑的结构分，可分为湿法回转窑生产、半干法回转窑（立波尔窑）生产、干法回转窑（普通干法回转窑）生产、立窑生产、新型干法水泥生产。通常业内习惯于这种分类方法。

（四）新型玻璃技术

玻璃是以石英砂、纯碱、长石和石灰石为主要原料，并加入一定辅助原料，在 $1\,550 \sim 1\,660℃$ 高温下熔融，经拉伸成型后急速冷却而成的制品，其主要化学成分是 SiO_2、Na_2O、CaO 和少量的 MgO、Al_2O_3 等。随着现代建筑工业迅速发展的需要，玻璃由过去主要用于采光的单功能向着装饰等多功能方向发展，已逐渐发展成为一种重要的多功能材料。

1. 钢化玻璃、压花玻璃、彩色玻璃

1）钢化玻璃

钢化玻璃是普通平板玻璃的二次加工产品。与普通玻璃相比，具有机械强度高、弹性好、热稳定性高等特点，常被用作高层建筑的门、窗、幕墙、屏蔽及商店橱窗、军舰与轮船舷窗、球场后挡架子隔板、桌面玻璃等。

2）压花玻璃

压花玻璃是将熔融的玻璃液在冷却过程中通过带图案的花纹辊轴连续对辊压延而成；可一面压花，也可二面压花。它可用于宾馆、饭店、餐厅、酒吧、浴室、游泳池、卫生间以及办公室、会议室的门窗和隔断等，也可用来加工屏风、台灯等工艺品和日用品。

3）彩色玻璃

彩色玻璃分透明和不透明两种。透明的彩色玻璃是在原料中加入一定量的金属氧化物，按平板玻璃的生产工艺进行加工生产而成；不透明的彩色玻璃是用 $4 \sim 6\,mm$ 厚的平板玻璃按照要求的尺寸切割成型，然后经过清洗、喷釉、烘烤、退火而制成。彩色玻璃可拼成各种图案花纹，并有耐蚀、抗冲刷、易清洗等特点，主要用于建筑物的内外墙、门窗装饰及对光线有特殊采光要求的部位。

2. 磨光玻璃、釉面玻璃、毛玻璃

1）磨光玻璃

磨光玻璃又称镜面玻璃，是用普通玻璃经过机械磨光、抛光而成的透明玻璃。磨光玻璃分单面磨光和双面磨光两种，具有表面平整光滑且有光泽、物像透过不变形、透光率大于 84% 等特点，主要用于大型高级建筑的门窗采光、橱窗或制镜。经机械研磨和抛光的玻璃，性能虽好，但价格贵，不经济，其用量已逐渐减少。

2）釉面玻璃

釉面玻璃是一种饰面玻璃。它是在玻璃表面涂敷一层彩色易熔性色釉,在熔炉中加热至釉料熔融,使釉层与玻璃牢固结合在一起,再经退火或钢化等不同热处理而制成的产品。

釉面玻璃具有良好的化学稳定性和装饰性,用于食品工业、化学工业、商业、公共食堂等室内饰面层,也可用作教学、行政和交通建筑的主要房间、门厅和楼梯的饰面层,尤其适用于建筑物和构筑物立面的外饰面层。

3）毛玻璃

毛玻璃是指经研磨、喷沙或氢氟酸溶蚀等加工,使表面(单面或双面)成为均匀粗糙的平板玻璃。它一般用于建筑物的卫生间、浴室、办公室等的门窗及隔断,也可用作黑板及灯罩等。

3. 玻璃砖、玻璃马赛克

1）玻璃砖

玻璃砖又称特厚玻璃,有空心砖和实心砖两种。实心玻璃是采用机械压制方法制成的。空心玻璃砖是采用箱式模具压制而成的——两块玻璃加热熔接成整体的空心砖,中间充以干燥空气,经退火,最后涂饰侧面而成。它们用于砌筑透光的墙壁、建筑物的非承重内外隔墙、淋浴隔断、门厅、通道等,特别适用于高级建筑、体育馆、图书馆,用作控制透光、眩光和太阳光等场合。玻璃砖被誉为"透光墙壁",具有强度高、绝热、隔声、透明度高、耐火、耐水等多种优良性能。

2）玻璃马赛克

玻璃马赛克是以玻璃为基料并含有未熔解的微小晶体(主要石英)的乳浊制品。玻璃马赛克的颜色有红、黄、蓝、白、黑等几十种。

玻璃马赛克是一种小规格的彩色饰面玻璃。一般尺寸为 20 mm×20 mm、30 mm×30 mm、40 mm×40 mm,厚 4～6 mm。有透明、半透明、不透明,还有带金色、银色斑点或条纹的。一面光滑,另一面带有槽纹,以利砂浆粘贴。

玻璃马赛克具有色调柔和、朴实、典雅、美观大方、化学稳定性和冷热稳定性好、不变化、不积尘、天雨自洗、经久常新、与水泥黏结好、施工方便等优点,适用于宾馆、医院、办公楼、礼堂、住宅等建筑的外墙饰面。

第二节　现代建筑的技术经济指标 与经济性评价

一、现代建筑的技术经济指标

(一)建筑面积

建筑面积是指建筑物勒脚以上各层外墙墙面所围合的水平面积之和。它是国家控制建筑规模的重要指标,是计算建筑物经济指标的主要单位。

对于建筑面积的计算规则,目前全国尚不统一。1995 年,原建设部颁布的《建筑面积计算规则》是国家基本建设主管部门关于建筑面积计算的指导性文件。各地根据这个文件也制定了实施细则。根据规定,地下室层高超过 2.2 m 的设备层和储藏室,阳台、门斗、走廊、室外楼梯以及缝宽在 300 mm 以内的变形缝等,均应计入建筑面积,而突出外墙的构件、配件、附墙柱、垛、勒脚、台阶、悬挑雨篷等,不计算建筑面积。

(二)每平方米造价

每平方米造价也称单方造价,是指每平方米建筑面积的造价。它是控制建筑质量标准和投资的重要指标。它包括土建工程造价和室内设备工程造价,不包括室外设备工程造价、环境工程造价以及家具设备费用(如教室的桌凳、实验室的实验设备、影剧院的坐椅和放映设备)。

影响单方造价的因素有很多,除建筑质量标准外,还受材料供应、运输条件水平等因素影响,并且不同地区之间差异很大,所以只在相同地区才有可比性。

要精确计算单方造价较困难,通常在初步设计阶段采用概算造价,在施工图完成后再采用预算造价。工程竣工后,根据工程决算得出的造价是较准确的单方造价。

（三）建筑系数

1. 面积系数

常用的面积系数及其计算公式如下：

$$有效面积系数 = \frac{有效面积(m^2)}{建筑面积(m^2)} \times 100\%$$

$$使用面积系数 = \frac{使用面积(m^2)}{建筑面积(m^2)} \times 100\%$$

$$结构面积系数 = \frac{结构面积(m^2)}{建筑面积(m^2)} \times 100\%$$

有效面积是指建筑平面中可供使用的全部面积。对于居住建筑，有效面积包括居住部分、辅助部分以及交通部分楼地面面积之和。对于公共建筑，有效面积则为使用部分和交通系统部分楼地面面积之和。户内楼梯、内墙面装修厚度以及不包含在结构面积内的烟道、通风道、管道井等应计入有效面积。使用面积等于有效面积减去交通面积。

民用建筑通常以使用面积系数来控制经济指标。使用面积系数的大小可反映结构面积和交通面积所占比例的大小。中小学校建筑，使用面积系数约为 60%，住宅则可达 65%～85%。

提高使用面积系数的主要途径是减小结构面积和交通面积。减小结构面积可采取以下 3 种措施：一是合理选择结构形式，如框架结构的结构面积一般小于砖混结构；二是合理确定构件尺寸，在保证安全的前提下，尽量避免肥梁、胖柱、厚墙体；三是在不影响功能要求的前提下，适当减少房间数量，减少隔墙。为了达到减小交通面积的目的，在设计中应恰当选择门厅、过厅、走廊、楼梯、电梯间的面积，切忌过大。此外，合理布局，适当压缩交通面积也是方法之一。

2. 体积系数

常用的体积系数及计算公式如下：

$$有效面积的体积系数 = \frac{建筑体积(m^3)}{有效面积(m^2)}$$

$$单位体积的有效面积系数 = \frac{有效面积(m^2)}{建筑体积(m^3)}$$

显然,即使面积系数相同的建筑,体积系数不同,经济性也不同。因此,合理进行建筑剖面组合,恰当选择层高,充分利用空间,是有经济意义的。

(四)容量控制指标

(1)建筑覆盖率,又称建筑密度,计算公式如下:

$$建筑覆盖率(\%)=\frac{建筑基底面积之和(m^2)}{总用地面积(m^2)}\times100\%$$

(2)容积率计算公式如下:

$$容积率=\frac{总建筑面积(m^2)}{总用地面积(m^2)}$$

基地上布置多层建筑时,容积率一般为1～2;布置高层建筑时,容积率可达4～10。

(3)人口密度计算公式如下:

① $$人口毛密度(人/hm^2)=\frac{居住总人口数(人)}{居住区用地总面积(hm^2)}$$

② $$人口净密度(人/hm^2)=\frac{居住总人口数(人)}{住宅用地总面积(hm^2)}$$

(五)高度控制指标

平均层数计算公式如下:

$$平均层数(层)=\frac{总建筑面积(m^2)}{建筑基底面积之和(m^2)}$$

或

$$平均层数(层)=\frac{容积率}{建筑覆盖率}$$

(六)绿化控制指标

1.绿地覆盖率

绿地覆盖率有时又称绿地率,指基地内所有乔、灌木和多年生草本所覆盖的土地面积(重叠部分不重复计算)的总和占基地总用地的百分比。绿化覆盖率直观反映了基地的绿化效果,但覆盖面积统计较复杂。

2. 绿地用地面积

绿地用地面积指建筑基地内专门用作绿化的各类绿地面积之和,包括公共绿地、专用绿地、宅旁绿地、防护绿地和道路绿地,但不包括屋顶和晒台的绿化;当地下室或商业顶板(机动车和人要能直接从室外到达)覆土深度达到规划部门规定的值时,可以计入绿地面积,单位为平方米。

(七)用地控制指标及有关规定

1. 用地面积

用地面积是指所使用基地四周红线框定的范围内用地的总面积,单位为公顷,有时也用亩或平方米。

2. 建筑红线

建筑红线,也称"建筑控制线",是控制城市道路两侧沿街建筑物临街面的界线,任何临街建筑物或构筑物都不得超过建筑红线。有时,因城市规划的需要,"建筑控制线"还需后退,原来的建筑红线称为"道路红线",而后退了的控制线称为"建筑退红线"。退红线的目的是使道路的上部空间得到伸展加宽,从而有可能获得更好的街道景观和视线。

3. 建筑范围控制线

建筑范围控制线是指城市规划部门根据城市建设的总体需要,在红线范围内进一步标定可建建筑范围的界线。建筑范围控制线与红线之间的用地归基地执行者所有,可布置道路、绿化、停车场及非永久性建筑物、构筑物,也计入用地面积。

二、建筑的经济性评价

考虑建筑经济问题不是意味着降低建筑工程质量,而是要在保证必要的质量标准的前提下,不浪费一分钱,使一定的投资获得最大的经济效益。要防止片面追求节约而影响建筑的功能、降低建筑质量标准和使用年限、增加经常性维修费用等。因此在建筑设计中除满足功能使用和艺术要求外,必须注意建筑的经济性。在遵循实用、经济、美观3要素的原则下,偏废任何一面都不能称为优秀建筑。在一般情况下,建筑经济可以从下列几方面来分析。

（一）长期经济效益

建筑物的质量标准，直接影响建筑物的使用年限和使用过程中维修费用的高低。一幢建筑的使用年限很长，使用期内各项费用的总和往往比一次性投资大若干倍。德国对几种使用寿命为 80 年的典型住宅进行费用分析的结果表明，使用期间的维修费为建筑费用的 1.3～1.4 倍。

（二）结构形式及其建筑材料

结构与建筑是紧密结合的，结构的形式不只是一个单纯的结构问题，它具有很强的综合性，要考虑并满足使用功能的要求、施工条件的许可、建筑造价的经济性和建筑艺术上的造型美观等。不同的结构形式直接影响建筑空间和建筑形象，同时，建筑结构本身也具有一定的艺术性，应把结构与建筑两者有机结合起来。

在同一种类型的建筑物中，可以采用不同的结构形式，如大跨度屋盖和高层建筑，均可以用不同的结构形式来实现，而不同的结构形式均有各自不同的经济性，同时，不同的结构形式须采用不同的施工方法，而各种施工方法所需的费用也各不相同。如何结合结构的特点及其使用功能在创造建筑空间和表现建筑艺术的同时合理选择结构形式，使其达到应有的经济效益，这是一个建筑设计工作者不容忽视的问题。

如何经济合理地选择结构形式及其建筑材料，既达到建筑设计使用功能的要求又可节省资金，降低建筑造价，这是在建筑设计过程中必须高度重视的问题。通常要在充分掌握建筑材料的性质、性能和各项技术指标的基础上，了解和掌握不同类型建筑材料、设备的价格，以及它们在建筑物中的使用部位和占总投资的比例，并结合不同地区的气候环境，以灵活、合理、经济适用为原则，选用材料设备。把设计先进与经济合理的思想体现在材料设备的选择中自然会得到良好的技术经济效果，同样，不考虑地区的气候环境、材料的价格因素、资金的合理运用，自然会造成不良的设计后果。

不同的结构形式，所采用的材料种类和强度指标不尽相同，在同一种材料中强度指标的采用也不完全相同，这些都直接影响建筑的经济性，故在设计中选用合适的结构形式的基础上，还要合理选择材料种类和强度指标，做到物尽其用，充分发挥材料的特性。

（三）建筑工业化

衡量建筑的经济性还应从有利于缩短施工期限、提高劳动生产率、广泛利用工业化产品采用机械化安装等方面考虑。因此在建筑平面空间组合时,应使装配构件的类型最少,尺寸尽可能统一,并且使一个构件不仅只是适用一个建筑而更应能广泛地运用到其他建筑物上去。为此,设计上要求实现建筑体系化,即进行工业化建筑体系的建筑设计。根据各地区的自然资源、经济条件、技术力量等的不同情况,对合理选择建筑的结构形式、采用的材料以及施工工艺和生产方式等方面做出全面的考虑,把建筑物生产纳入工业化的轨道上去,这就要求设计者对同类建筑进行全面的研究和分析,把建筑中存在的共同性加以高度的提炼和概括,同时又能满足在不同情况下具有不同要求的个体建筑的特殊性,如此一来才能达到设计上既有高度的统一性又有一定程度的灵活性,为实现工业化生产创造有利条件。对于纳入建筑体系设计的对象的建筑物,首先要求采用合理的模数网,选择合理的层高,这些对节约用地、节约原材料、降低造价有显著的作用;并且对采用统一模数网情况下所生产的不同的平面空间、立面造型、规划布局等的组合方式具有高度的适用性、多样性和经济合理性。

当然建筑体系设计并不排斥行之有效的各种类型的标准设计和定型设计,相反,它们之间存在着密切的内在联系。标准设计本身就是实现建筑工业化的途径之一,而且许多标准设计在一定程度上也体现了同类建筑中共性和个性相结合的特点,因此推广采用标准设计不但可以加速建筑工业化的进程,而且在标准设计的基础上还可逐步提高,向更高的工业化要求迈进,在具有一定的标准设计的实践经验情况下,能为实现更大范围的建筑体系化打下良好基础。

(四)适用、技术、美观与经济的关系

在建筑设计中,同一类型、同一标准的建筑物由于采用不同的结构形式、不同的建筑材料、不同的平面组合和空间形体,可设计出若干个投资不同的方案。为了选优不仅要对上述有关经济问题进行分析比较,同时要处理好技术、适用、美观和经济的关系。在建筑发展中,技术和经济始终是并存的两个方面,二者有着相互促进、相互制约的辩证关系。一项新的建筑技术,不仅要在技术上先进,还必须有良好的经济效益,才具有强大的生命力,因此二者应相互适应并促使技术和经济的统一。

"适用、经济、在可能条件下注意美观"是我国指导建筑创作的方针。在技术经济评价中,适用是主导因素。一个不适用的建筑物本身就是浪费,在使用过程中也难以有较好的经济效益。不顾适用性片面强调经济性,常常会造成更大的浪费。因此应在适用的前提下讲求经济性,使适用和经济更好地统一起来。

建筑不仅要满足功能使用要求,而且应取得某种建筑艺术的效果,但这并不意

味着以投资多少来决定其艺术价值,也不是要求建筑设计只管经济性而不顾建筑的艺术性,二者应是辩证统一的关系。因此在一切设计工作中,都要力求在节约的基础上达到适用的目的,在可能的物质基础上努力创新,设计出既经济适用又美观大方的建筑物来。

第三节　现代建筑设计中的经济性问题分析

一、建筑平面形状

建筑平面形状对建筑经济具有一定的影响,主要反映在用地经济性和墙体工程量两个方面。

一般来说,建筑平面形状越简单,它的单位面积造价就越低。以相同的建筑面积为条件,依单位面积造价由低到高的顺序排列的建筑平面形状依次是正方形、矩形、L 形、工字形、复杂不规则形。仅以矩形平面形状建筑与相同面积的 L 形平面形状建筑比较,L 形建筑比矩形建筑的围护外墙增加了 6.06% 的工程数量,相应造成施工放线的费用增加了 40%,土方开挖的费用增加了 18%,散水费用增加了 4%,屋面费用增加了 2%;就整幢建筑而言,单位面积造价增加约 5%。由此可见在建筑设计过程中以满足建筑功能为前提,充分注意建筑平面形状设计的简洁,会在降低工程造价方面起到相当显著的作用。

其次,建筑平面形状与占地面积也有很大的关系,主要反映在建筑面积的空缺率上。平面形状规整简单的建筑可以少占土地,其建筑面积空缺率就小;平面形状较复杂的建筑物则需要占用较多的土地,因此其建筑面积空缺率就大。建筑面积空缺率的计算公式如下:

$$建筑面积空缺率=\frac{建筑平面的最大长度 \times 建筑平面的最大进深}{底层平面的建筑面积}-1$$

因此,在建筑面积相同的情况下,应尽量降低空缺率,采用简单、方整的平面形状,以提高用地的经济性。

建筑物墙体工程量的大小与建筑平面形状也有关。建筑面积相同的建筑,如果平面形状不同,则墙体工程量也不同,从而使外墙装饰面积、外墙基础、外墙内保温等工程量也相应增大,就整幢建筑而言单位面积造价增加了许多。由此可见在满足建筑功能的前提下,充分注意建筑平面形状设计的简洁,尽量选用外墙周长系数小的设计方案,会有效降低工程造价。

二、建筑物的面阔、进深及其长度

建筑物的面阔和进深不同,对建筑经济也有一定的影响。除了对用地的经济比较外,这里主要指每平方米建筑物的砌体工程量的变化。砌体用量增大,不仅增大结构面积,减少使用面积,而且也将增加基础工程量和建筑费用。因此,在不影响功能使用的前提下,在不影响或过大影响楼盖及屋盖结构尺寸加大,并能满足采光和通风要求时,可加大建筑物的进深,这样既能节约砌体工程量,又能降低造价。

在面阔不变化的情况下,进深加大,亦可以节约墙体工程量,直接影响建筑物的单方造价。

虽然在建筑面积和进深都相同时,由于平面布置的不同,实际上墙体仍可能不一样,但加大建筑物的进深,一般来讲是有经济意义的。

除此之外,建筑物的长度不同,对经济性也有不同的影响。在进深相同的情况下,建筑物的组合体越长,山墙间隔的数量相应减少,从而也减少侧墙的工程量。建筑物的长度对每平方米的外墙工程量将随着长度的增加逐渐减少,相应降低建筑物的总造价。在建筑物具有不同长度、不同进深的情况下,其外墙的变化详见表5-3。

表5-3　建筑物不同长度、不同进深下单位面积墙体周长值的变化

进深(m) ＼ 长度(m)	7.5	15	30	45	60
7.5	0.53	0.4	0.33	0.31	0.3
7.8	0.52	0.39	0.32	0.30	0.29
8.1	0.51	0.38	0.31	0.29	0.28
8.4	0.50	0.37	0.30	0.28	0.27
8.7	0.49	0.36	0.29	0.27	0.26

从上表分析可以得到两个概念:

(1)建筑物的进深不变时,单位面积的外墙长度随着建筑的长度增加而减少。

(2)在建筑物长度一定时,由于加大建筑物的进深,单位面积的外墙长度随之减少。

三、建筑的层高与层数

建筑物的层高是设计中影响建筑造价的一个因素,对任何建筑都应在保证空间使用合理的条件下,选择其经济的层高。盲目地增加高度,不仅增加墙体工程,而且会在建筑使用期增大能源的消耗,造成一定的浪费。据统计,北京地区的住宅层高每降低 10 cm,可节约造价 1.2%～1.5%;可以这样来理解,即每 100 m² 建筑面积的住宅,降低层高 10 cm 时,所节省的资金相当于 1.2 m² 或 1.5 m² 建筑面积的造价,如果每户平均建筑面积为 50 m² 的话,层高由 3 m 降为 2.8 m 时,每户则可增加 1.2～1.5 m² 的建筑面积,或可节约造价 2.4%～3%,数值虽不很大,若从降低造价、扩大建筑面积等因素统一考虑,效果确实可观。由此可见,在设计中恰当地选择建筑层高是有经济意义的。

建筑物层数的增减,对经济变化也有一定的影响。为了比较细致地掌握这种变化,首先应了解建筑物各个分部的造价在总造价中所占的比重,并应熟悉由于建筑物层数的增减所引起的经济效益的变化。例如对居住建筑进行经济分析时,一般从以下几个部分着手:

(1)基础工程——包括基础的土石方挖运、回填以及建筑物所有的不同材料的基础总工程量。

(2)地坪——包括地坪层的垫层、面层。

(3)墙体——包括建筑物的承重墙及非承重墙。

(4)门窗——包括各种不同的门窗、门窗油漆。

(5)楼盖——包括各层楼盖结构层,如梁、板以及各种不同的面层。

(6)屋盖——包括建筑物的全部屋盖系统。

(7)粉饰——包括内外墙的全部粉刷。

(8)其他——以上各部分均不能包括的零星工程,如阳台、壁橱、厕所蹲位等。

以上 8 个部分的造价随着建筑层数的增减,分部造价随之变化,但是这种变化基本上是有规律的,大致可以分为 3 种情况:第一种是随着层数的增加其分部造价降低,如地坪、基础、屋盖等;第二种是随着层数的增加其分部造价随之提高,如楼盖;第三种是随着层数的增加其分部造价基本不变,如墙身、门窗、粉刷等。其中,墙身分部属于不稳定值。由于可能出现隔墙的增减、承重墙截面的变化,墙体分部造价就会出现不同的经济值。

四、门窗与经济

在建筑物中,门是根据房间组合关系的需要而设置的,窗则根据不同性质的建筑物确定其采光系数的大小而不同。门窗的多少对建筑物造价有一定影响,如木制普通门窗每平方米相当于 37 砖墙的造价,钢窗相当于 3 倍于 37 砖墙的造价。在设计中应根据不同工程性质合理安排门窗,注意门窗的设计在不同墙体厚度中与造价的关系,就能得到合理的经济效果。如在面积定额为 42 m² 的居住建筑中对门的安排:在 24 砖墙上每户多安排一樘门就会使单方造价上升约 0.34%,在 12 砖墙上就上升约 0.8%;如果将采光系数的 1/8 改为 1/6,则 24 砖墙上约使单方造价上升 0.15%,假如该建筑使用钢窗,可使单方造价上升约 0.6%。这样,在 42 m² 的居住建筑中,仅门窗一项,对单方造价的影响就约 0.5%,因此,掌握门窗的造价与墙体造价的关系,了解在不同墙体厚度时门窗对单方造价的影响有一定的经济意义。门窗的安排,除了注意其对单方造价的影响外,更重要的是注意对国民经济起重要意义的木材和钢材的节约价值。每平方米木门窗消耗圆木约 0.087 m³,钢窗每平方米耗钢材约 25 kg。因此前者对节约木材、后者对节约钢材都具有重大的经济意义。

同时门窗的数量对房屋长期使用中的能源耗损也具有一定的意义。建筑的采暖和空调会消耗大量的能源,据美国一项统计,住宅的能源消耗约占能源消耗总量的 20% 以上。因此,在设计中不仅要考虑对工程的一次投资,还应重视尽量节省建筑的长期消耗费用。

五、砖混结构中纵横墙承重方案的经济性

在砖混结构中纵墙承重对建筑物的开间有较大的灵活性,但对建筑物的进深有一定的限制,与横墙承重方案比较,其最大的优点是降低了墙体的平方米长度值,并相应地减少基础的工程量。根据统计资料的反映,在居住建筑中,以纵墙承重的方案,每平方米承重墙长在 0.5~0.6 m 之间,它比横墙承重要少 20%~25% 的砖墙工程量,结构面积大大减少,对提高平面系数有利,并相应地减少了基础工程量。在基础埋置深度较大的情况下,纵墙承重方案经济意义更大,其不利因素是由于要保证居室使用面积,进深往往较大,这样可能影响楼盖和屋盖的构件增大,同时,建筑物层数越多,房屋的刚度越不如横墙承重有利,因此在考虑承重方案时应对这两种方案的经济性做全面的比较。

第六章 建筑设计构思与现代建筑设计新理念

我国经济的快速发展推动了建筑的持续创新,随着新型城市化与城镇化的出现,现代建筑设计理念也在发生着质的转变。建筑设计思路更加开阔,设计理念更加创新,设计方向更加多元化。本章将对现代建筑设计创意与构思、现代建筑设计理念创新的基础与方向、可持续发展建筑设计与生态建筑设计进行阐述。

第一节 现代建筑设计创意与构思

一、建筑设计创意

在建筑创作中,设计思维贯穿于建筑师创作全过程,看不见、摸不着,但却形成设计思考点,连成设计思索线,进而形成完善的设计方案的核心和关键。因此整个建筑创作过程的设计思维,也可以说是设计中的思考或思考着的设计——建筑创意。

建筑创意的核心是设计思维的反复深化与表达过程。设计思维的思考点(创意点)、思索线(设计思路)是建筑创意的关键,也是影响整个建筑创作成功与否的重要因素。建筑创意的表现形式体现为一个思维过程,拥有过程性、表达性双重特征。建筑创作中的每一次进展的表达,都可以看作是设计思维的外化、建筑创意的结果。建筑创意的最终目标是综合各种因素(功能、技术、审美、地域、人文、生态⋯⋯),通过不断反复的思考与表达,形成表达完美的设计方案,最终体现建筑的价值。因此建筑创意是一个复杂的,综合各种因素而不断思考的,理性与感性思维、逻辑思维与形象思维循环往复的过程。

创意不是凭空而来,而是积累后的顿悟;我们需要经历多次"理性—感性—理性"的反复之后,才能锤炼出优化的方案。具体而言,创意的来源包括以下几个方面。

(一)类比和移植

在建筑设计中,类比与移植的创造性技能就是借助不同建筑类型或其他事物,深入细致地比较其相似与相异之处,直接或间接地进行联想想象、移花接木、转换改型等。1958 年尤纳·弗瑞德曼(Yona Friedman)创建"移动建筑"(Mobile Architecture)理论,他在与结构化"粒子空间"的类比中产生"空中城市"(the Spatial City)图像,设想城市整体飘浮在空中,建筑单元镶嵌在"基本架构"内,并相互连接,每隔一定距离设出口与地面联系;地面被解放出来,以供安排公园、水面、运动场等自由功能,并建立工业化传送带作为人行走道。同时,他还以褶皱纸张与蛋白质链接形态为原形来研究城市"基本架构"的任意性。

人类总是依靠憧憬为动力不断进步和迈向未来。当代建筑从向日葵的生物智能得到启发,发明了可以跟踪阳光方向的日光捕捉器,并在建筑底部安装旋转平台使其整体转动,以主动充分利用太阳能。对环境和自然科学的关注诱发了一些建筑师从遗传学和神经机械学等角度模拟设计智能生长建筑物——根部演变为地基,细胞膜与表皮如同墙壁等围护结构,毛孔则与建筑中门窗功能类似,建筑外观以及内部家具都能像生物一样被定制栽培;运用显微技术和分子基因工程,这种类植物体的建筑生长由感应敏锐的向性所引导;通过动力装置、光纤传感和其他组件对环境和结构应力做出反应;"智慧型"材料及成熟的电脑程序的发展可以使建筑成为极为活跃的人造物。理论上讲,与之相关领域的专门化研究的每一次进步,都将使这种构想更接近真实。

可见,建筑设计采用类比与移植,引入非常规思考角度,将其他学科结构、知识特征与思考方法做概括性迁移,并植入本学科领域,都可能产生另类的创意构想。

(二)逆向思考

逆向思考是极端发散思维的结果,指有意寻找矛盾对立面、颠倒主客体关系、克服思维流程的单一性、突破观念壁垒的否定式创作方法。美国精神病理学家A.卢森堡曾借古罗马一种哭笑脸两面可以相互转化的门神来类比思维概念,因此在创造学领域,逆向思考又被称为"两面神思维"。设计时,次要的、被动的、隐性的因素如果被重新挖掘考量,加以强化,使其成为显性要素,很可能会使整个体系发生质的颠覆。初学者常希望"一条道到底",但在方案进展中,往往会"南墙横亘"或"道路分叉",此时,应该退后环顾,大胆质疑,设置不同层次的假设和反问,将思考的关键方向调换。

(三)异质同化和同质异化

所谓异质同化,就是变陌生为熟悉,将新的系统归纳、沉淀到人们熟知的系统中。任何方案设计都不是真正从零开始、从无到有,而是以熟悉的空间、尺度为参考原形,依照对生活模式和建筑模式的固有理解,从新的层面、新的路径不断进行的改良提升。异质同化利于聚合思维,将复杂问题简单化、基础化。这就要求研读大量的设计案例,让专业视角沉淀到潜意识中,在发散的头绪中理出基本线索,"以不变应万变"。适合于广义设计学与造型学的空间基础理论,同样可被异质同化于环境艺术设计学科内。

随着设计经验的积累,社会学、哲学、历史、音乐、语言学、诗歌等各方面知识的融会贯通都可能成为理解和构思建筑的"点金石",建筑师们也可因此具备自己的思想理论与哲学气质。

所谓同质异化,就是变熟悉为陌生,破除思维定式和稳态,举一反三。不要将熟知的规律变为迂腐和毫无生气的累赘,要善于联想、转化、变换。比如提及空间,很多人会采用平面图上"拔高"产生立体感的做法,事实上,空间并不一定只是"方形",界面不一定全部封闭,墙、顶、地也不一定就是水平面和铅垂面以正交模式交接。只要拉住一张纸的两个对角朝相反方向扭转一下,就会出现四个角顶点不在任何同一平面内的空间扭曲面,这样的形也是"界面"。同样,简洁几何形也并不意味着形态单调——标高的变化,错层的设置,空间的渗透,最终可以创造多元语境。

只有兼顾异质同化与同质异化原则,才能引导思维在发散与聚合、横向与纵向之间跳跃转换,让设计者具备日臻成熟的个性化专业素养。

(四)整合和重建

所谓整合就是将不同对象进行信息、原理、技法等多方面的解析、重组与创新。这当然要求设计者具有开阔的视野和一定深度的知识层面;除了专业学习,还应拓展兴趣、集思广益。事实上,设计主题切入点的随意性很高,手段也很多,可根据各自不同的兴趣点寻找相关资源,利用网络、影像甚至是电脑游戏等来补充传统调研的局限性,最终锁定契合目标。

作为时下频繁使用的名词,"整合"的真正含义却容易被某些忽视文脉与地域特性的平庸设计偷梁换柱。事实上,整合并不意味着盲目模仿或多样堆砌,"泊来"与"玄想"都不可取;而正是一点一滴的"破"与"立",才重构了艺术创作。设计者首先要在纷繁芜杂的思潮与手法中不迷失立场,扬长避短,然后再结合地域差异性因素、确立建筑功能个性,汲取传统文化的同时也切中时代需求,以整合后的"语言"来建构新"模式"。

20世纪80年代后,西方后现代、解构思潮一拥而入,使中国建筑文化的发展陷入混沌之中。面临这样的局面,迫切需要重新唤回建筑师应该具有的民族本位意识,合理定位,重建具有地域特色的建筑体系。事实上,已经有相当一批建筑师正以切实的设计实践对中国建筑何去何从的问题做出积极有力的回应。一部分先锋设计师融汇多种艺术形式,力求从大艺术的哲学美学层面上"体验"建筑。他们忧患文化断层,在西方前卫建筑观念、方法与"中国的因素"的比较中进行选择性创作,保留与突破共生,借鉴与挑战并存,延展了当代建筑思潮的本土化进程。另一部分建筑师则已经从"宏观"的观念艺术走向"微观"的实效创作。建筑师以宽容的态度直面中国特定时期的城市建设状况,以最经济节省、快速高效的方法还复先期投资巨大的"构筑物"以新的使用功能。

二、设计构思

优秀的建筑设计,是充分发挥灵感和想象力并不断完善的结果,特别是在方案形成阶段,立意、构思和方案的比较都具有开拓性质,对设计优劣成败具有关键性的作用。构思是一种原始、概括性的思想构架,是对设计条件分析后的心灵反馈以及试图将其转变为设计策略的过程。构思的方法主要包括以下几种。

(一)环境法

从场地环境的地形地貌、地段位置、气候、资源等特征分析出发,可以成为构思的起点。我国传统民居中有很多与自然默契交融的生存居住经验。地处丘陵地带的湘西民居采用底层部分架空的吊脚楼形式,既避免了虫蛇侵袭和潮湿的地气,又能顺应坡地地形。在新疆吐鲁番,当地居民利用"坎儿井"地下水网系统将天山积雪融化后的水源引入干旱地区,并采用高出屋顶好几米的透空隔栅棚架覆盖院落,夏季既能遮阳蔽日,又能拔风。这种特殊的建造方式主要是出于对干热气候环境的适应。例如,迈考比—考克(Mockbee/Coker)建筑师事务所设计的美国奥克斯福德库克住宅,融合了当地乡村建筑中农合、畜棚、草料仓等形式。

(二)思想法

思想法发乎感性，止于理念。建筑构思既不是空乏游离的逻辑"思辩"，也不是设计说明中浅尝辄止、断章取义的文字游戏，更不是无端的情绪宣泄或简单的模拟具象事物形态及无谓象征。建筑既是物质条件限制下功利性选择的结果，又是建筑师意识流的外化张显。因此同一建筑师在不同时空情境下，设计的作品形象既独一无二又相互关联；将这些共性特征放大去观察，就会发现它们差不多来自同源的"生成编码"，编码特质依属于建筑师个体的概念和手法。正是不同的"DNA源"造就了建筑师作品的个性差异和明显的可辨别性表征。例如，建筑大师齐康设计的侵华日军南京大屠杀遇难同胞纪念馆，借助交错的墙垣、片段式浮雕以及大片沙砾与枯槁的树干，再现灾难性历史场景，带动观者在游历过程中沉重的情感跌宕，精准地表达出最初的立意与定位。

(三)功能法

如果说环境法和思想法侧重分析的都是建筑外部条件，试图由表及里地推进设计概念，那么功能法则是从业主倾向以及功能要求出发，分析空间组合形式，自下而上地确定设计主导走向。这实际上就是以逻辑思维带动图示思维的一个过程。构思时可借鉴合理的分区与配置模式，避免发生重大功能紊乱。经初步分析后，再思考整体构架与具体的平面布置，进而再与其他要素结合、平衡，生成内外严丝合缝的造型形态。例如，德国 GMP 建筑师事务所设计的位于天安门广场的国家博物馆改扩建工程方案，既考虑与天安门广场轴线西侧人民大会堂大致对等的体量关系，又以内部功能的合理创新为依据。

(四)技术法

任何建筑都无法凌驾于结构限制之上，有的甚至反而首先受结构掌控，如前文讲到的大跨度网架与索膜体系的体育场馆、悬索桥梁或巨型支撑体系的高层建筑等，都以结构作为造型的前提。除了结构技术，还需考虑材料、构造技术以及声、光、电等建筑物理技术。例如，由青年旅美建筑师组成的 Urbanus 都市实践建筑设计事务所在北京华远 CBD 项目立面改造方案设计中，巧妙利用角部巨型结构，既将原有不规则多边形体补充为方形体量，又成为若干从老建筑主体出挑的水平斜向办公体量的支撑体系。

第二节　现代建筑设计理念创新的基础与方向

一、建筑设计理念创新的基础

(一)建筑设计透视原理

透视是一种绘画活动中的观察方法,通过这种方法可以归纳出视觉空间的变化规律,如近大远小、近宽远窄、近高远低等。

1.视点和视距

眼睛观察物体所在的位置称为视点,从透视理论上看,代表视点主视方向的心点永远在视域内画面的中心,而对于景物视点可以从高、宽、深3个不同角度选择构图,这些可变因素为建筑画的写生和创作提供了选择性和灵活性。构图时设计者可以按照自己的需要选取角度,或者运用透视夸张表现对象的主要特点。

1)视点

视点与视平线同高,面对景物,视点上下移动引起视平线高度位置变化。视平线是画面中上下分割景物与构图的基准线,关系到构图中景物的比例以及消失变化的缓急。当视点接近作画者的正常高度时,上下景物在画面上的比例相当,消失缓急均匀,给人一种稳定舒适感,通常称为平视透视关系;视点偏高时,视平线位于景物上方,地面、建筑屋顶等均在视线范围内,犹如从高空向下看物体一样,这种透视关系通常称为俯视;视点偏低时,视平线位于景物下方,上半个视域充实,物像近高远低,层次分明,表现高层建筑尤为明显,这种透视关系称为仰视。

(1)视距较近情况下的仰视透视关系。仰视透视关系是在视距较近的情况下对高大建筑的表现所产生的视觉效果,这种透视适用于表现高大建筑形成三点透视。与俯视相反,原垂直画面的一组垂直线发生消失变化,向上的纵深感加强。选择仰视可以表现冲入云霄的透视效果,画面视觉冲击力强,也可以在绘画作品中选择仰视,突出中心思想。图6-1表现了现代高层建筑结构由大到小、由宽变窄的仰视效果,突出了建筑的高大视觉形象。

图 6-1　仰视透视

　　(2)人在自然站立状态下的平视透视关系。平视透视关系也叫"人眼图",是人在自然站立的状态下所观察到的建筑透视效果,视距较为合理,可以用平行透视和成角透视进行绘画表现。在建筑绘画表现和创作中平视透视关系应用较多,以视平线为分界线,景物在画面上的分配比例适当,表现建筑高度的轮廓线垂直于画面,形成稳定的视觉效果。

　　建筑复杂的形体结构往往掩盖住清晰的透视关系,图 6-2 是一幅近景透视,通过透视分析图不难看出,这幅作品表现单视域中的成角透视关系,透视变化不明显,初学者比较难把握。所以在选择视距时可离景物稍远些,建筑结构和场景才容易把握,透视稍作夸张才能达到较好的视觉效果。

图 6-2　平视透视

（3）视平线较高状态下的俯视透视关系。俯视透视关系也叫"鸟瞰图"，是在视平线较高的状态下向下观察看到的立体图，比平面图更具有真实感。视线与水平线有一俯角，图面上各要素一般都根据透视投影规则来描绘，其特点为近大远小、近明远暗，一般应用于规划设计，表现比较大的场景。如果视平线提高，近距离表现建筑物的高大，很容易形成三点透视，原垂直画面的一组垂直线也发生消失变化，向下的纵深感加强（见图6-3）。

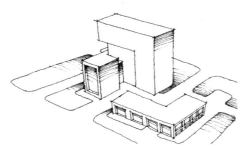

图6-3　俯视透视

视点与物体之间会形成固定的焦点透视关系，所以方位的选择在建筑画表现中也很重要。一般物体不动，视点进行移动、选择角度，或者视点固定，对运动的物体进行观察，这两种方式所形成的观察过程是一样的。当这种运动在某一位置上停止，形成相对静止的观察方位就会获得一种透视关系，视点与物体的方位关系就决定了画面与物体间的基本状态。在建筑画的表现和创作中可以运用不同视角观察物体，找到最佳的创作角度完善作品。在实际创作中，要遵循透视规律，利用透视特点把握画面，做到灵活处理。

2）视距

作画者眼睛的位置与所观察的景物之间的距离称为视距。视距不同，眼睛看到的物像多少和高低会有差异，形成的画面效果也不尽相同。因此在建筑画表现中，视点除了对描绘的景物采取横向、纵向的选择外，还要考虑深度的选择变化。适当调节视距，可以协调所描绘物体在构图中的主次关系、与周围环境的对比关系。下面就视距中、视距远、视距近出现的不同特点结合图例进行分析。

（1）视距适中。视距适中，建筑物的形体在画面中的大小适中，后面的建筑露出，透视变化不再悬殊，远近建筑关系较视距近的协调，画面中不会产生强迫堵塞感（见图6-4）。

图 6-4　视距适中的空间感受

（2）视距较远。视距较远的作品，建筑透视平缓，视距长，视域圈大，没有急于涌入视觉的现象，透视性格温和，建筑物的组合关系表达充分，错落有致。

（3）视距较近。视距近，建筑物的形体高大，相对消失点离心点近，具有强烈的近大远小高度透视差异，即使后面还有建筑物也会被遮挡住，两侧的物体透视变化相对平缓，衬托出主体建筑的雄伟高大。这适合表现建筑结构的近距离效果，但处理不好会使画面拥堵不流畅（见图 6-5）。

图 6-5　视距近的空间感受

2.透视类型

透视类型包括一点透视(也称为平行透视)、两点透视(也称为成角透视或余角透视)、三点透视(包括俯视和仰视)、一点斜透视(简易两点透视)、阴影透视、倒影透视、轴测图等。透视类型的不同决定其应用领域,但都离不开透视基础原理。体现在高校课程中有投影透视、阴影透视、画法几何透视等。在建筑画写生与创作中往往简化透视分析过程,运用熟练的透视技巧和敏锐的透视感觉快速表现画面透视,这称为应用透视。在建筑画写生和创作时一点透视和两点透视较为常用,下面对其进行应用分析。

1)一点透视

一点透视也称平行透视,是当画面中主要物体的一个面的水平线平行于视平线,其他与画面垂直的线都消失在一个消失点所形成的透视。一点透视比较适合表现纵深感较大的场面,表现场景深远,令画面呈现庄重、稳定、严肃的感觉。缺点是如果处理不好构图就会显得平淡、呆板。所以选择此类透视应视画面需要而定。

一点透视的画面主要突出的是主体建筑的高大以及梁柱产生的视觉秩序美感。消失点位于画面中心,建筑形体呈左右对称,结构稳定,画面纵深感较强。为打破主体建筑对称构图带来的呆板效果,远处建筑及近处配景采用均衡构图处理,增加画面的灵活性。

下面以距点作图法为例说明一点透视的作图方法:

(1)在已确立视平线、灭点、距点关系后,按高宽比例画出建筑正面原形。

(2)从相关一侧的高度分割点向灭点画一组纵深透视线。

(3)以正面形左下角为始点向左画水平线,并且按原比例长度将建筑纵深度及其分割标记于水平线上。

(4)从水平线上的各标记点向距点连线,各连线与建筑侧面底边相交,从底边各交点向上画一组垂直线并与各纵深透视线相交,平行透视图完成(见图6-6)。

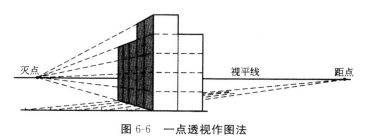

图 6-6　一点透视作图法

2)两点透视

两点透视也称成角透视。当建筑主体与画面成一定角度时,各个面的各条平行线向两个方向消失在视平线上,产生出两个消失点,即成为两点透视。这种透视表现的立体感强,画面自由活泼,能反映出建筑的正、侧两个面,容易表现出建筑物的体积感,并且还能够具有一定的明暗对比效果,是一种具有较强表现力的透视形式,在建筑表现图中运用广泛(见图6-7)。

图 6-7　成角透视

下面以测点作图法为例说明两点透视的作图方法:

(1)合理确立视平线、视点、心点关系。

(2)根据所画建筑与画面所成角度,从视点向上画互为垂直的夹角线并与视平线相交出左右灭点。左右夹角互为90°余角。

(3)按原高度比例,画出建筑最近垂直边并从其顶端、底端以及各高度分割点向左右灭点连透视线。分别以左右灭点为圆心,将视点旋转至视平线上,相交出测点1和测点2。

(4)通过最近垂直边底端(或顶端)画水平线,并且以左右进深尺寸的原比例分别标于水平线左右两侧。

(5)从水平线左右进深分割点,分别相对连向测点1和测点2。连线分别与底边成角透视线相交。

(6)通过各交点向上画垂直线,各垂直线与相关高度的成角透视线分别相交,成角透视图完成(见图6-8)。

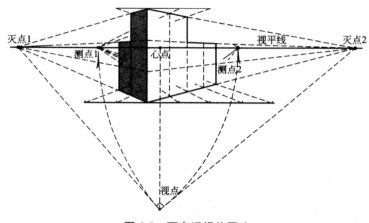

图 6-8　两点透视作图法

3）三点透视

当表现对象倾斜于画面，没有任何一条边平行于画面，其三条棱线均与画面成一定角度，分别消失于 3 个消失点上，即为三点透视。这种透视方法具有强烈的透视感，特别适合表现那些体量硕大或透视强烈的建筑物。在表现高层建筑时，当建筑物的高度远远大于其长度和宽度时，宜采用三点透视的方法（见图 6-9）。

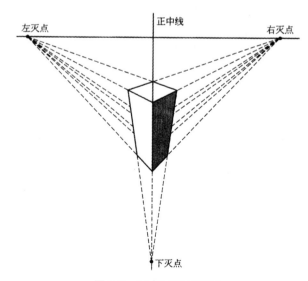

图 6-9　三点透视作图法

（二）建筑设计的场景处理

是否具有空间感是决定建筑设计表现图中场景处理成败的关键因素。所谓空间感就是建筑设计表现图中的前后层次。在绘制过程中要尽可能避免建筑空间平面化，以丰富画面的前后层次。这除了要靠透视中的前后关系之外，还要靠在表现过程中运用色彩的对比、光影的强弱变化、笔触的粗细大小、画面虚实等来体现建筑设计空间表达中"空"的含义。

1. 色彩的对比

色彩由明到暗、由冷到暖、由浓到淡的退晕过渡可以体现室内空间的前后以及远近的关系。色彩的对比是体现建筑空间进深的有效手段。另外，在建筑空间的近处或远处同样存在着色彩的对比。若想着重强调近处，则加大近处的色彩对比；若想重点突出远处，则加大远处色彩的对比。当然还要与光影强弱对比协调一致。

1）纯度对比

一个鲜艳的红色与一个含灰的红色并置在一起，能比较出它们在鲜浊上的差异，这种色彩性质的比较，称为纯度对比。

色彩中的纯度对比，纯度弱，对比的画面视觉效果就比较弱，形象的清晰度较低，适合长时间及近距离观看。纯度中对比是最和谐的，画面效果含蓄丰富，主次分明。纯度强对比会出现鲜的更鲜、浊的更浊的现象，画面对比明朗、富有生气，色彩认知度也较高。

2）冷暖对比

因色彩感觉的冷暖差别而形成的色彩对比称为冷暖对比。色彩的冷暖对比会受到明度与纯度的影响，白光反射率高而感觉冷，黑色吸收率高而感觉暖。

3）补色对比

将红与绿、黄与紫、蓝与橙等具有补色关系的色彩彼此并置，使色彩感觉更为鲜明，纯度增加，称为补色对比。

4）色相对比

因色相的差别而形成的色彩对比称色相对比。色相距离 20 度以内的对比称为邻近色对比，它是很弱的色相对比。色相距离 20～80 度的对比，称为类似色对比，它是中等的色相对比。类似色相对比的色相感要比邻近色相对比明显、丰富、活泼些，可稍微弥补邻近色的不足，却又能保持统一、和谐、单纯、雅致等优点。

2.笔触粗细的对比

若是手绘表现建筑设计效果图,那么在画面的中心区(一般为远处)采用较细腻的笔触而近处则采用较宽的粗笔触,同样可以获得空间的进深感。另外,材质纹理的大小变化同样可以看作是笔触的粗细对比,同样可以帮人们达到相同的目的。

3.画面虚实的对比

通常结合素描关系,表现图中往往将主体刻画得比较仔细,而次要的物体表现得就比较模糊,用的色彩和光影关系比较弱。这样也很快能够体现出建筑设计的主体和画面深度(见图6-10)。

图 6-10　画面的虚实对比

4.光影的对比

光影就是光线照射在非透明物体上,在物体的背光面留下的灰色或黑色空间,即"影"。阴影现象的产生,虽是客观存在的物理现象,但如果物体一旦产生影子,那么设计者就要想好光源来自哪里。光影营造了建筑的形态美、肌理美。光影艺术表现其实就是设计图纸中通过光的性能描绘出立体感、层次感都比较强的效果图。当然光源有点光源、线光源等,但在建筑手绘中所指的光线统一为直线光(见图6-11)。

光影的强弱对比同样可以表达建筑空间的前后和远近关系。如:近处光影对比强烈,远处光影对比减弱。减弱的程度视空间的深度而定。但这也不是绝对的,有时也应该灵活运用。比如为了使画面的视觉中心集中,也可以处理成远处光影对比强烈而近处光影对比减弱。总之,光影对比的强烈程度会产生远近不同、前后不同的效果。

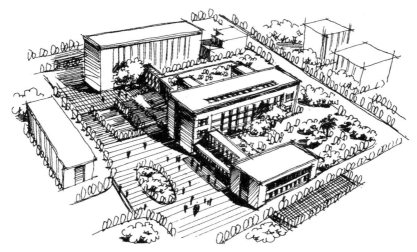

图 6-11 光影在建筑效果图中的应用

(三)建筑设计色彩应用原理

1.色彩的形成

色彩是通过眼、脑和生活经验所产生的一种对光的感知,是一种视觉效应。人对颜色的感觉不仅仅由光的物理性质所决定,比如人类对颜色的感觉往往受到周围颜色的影响。有时人们也将物质产生不同颜色的物理特性直接称为颜色。

经验证明,人类对色彩的认识与应用是通过发现差异并寻找它们彼此的内在联系来实现的,因此,人类由最基本的视觉经验得出了一个最朴素也是最重要的结论——没有光就没有色。白天人们能看到五颜六色的物体,但在漆黑无光的夜晚就什么也看不见。

经过大量的科学实验得知,色彩是以色光为主体的客观存在,对于人则是一种视像感觉。产生这种感觉主要基于 3 种因素:一是光,二是物体对光的反射,三是人的视觉器官——眼。不同波长的可见光投射到物体上,有一部分波长的光被吸收,有一部分波长的光被反射出来刺激人的眼睛,经过视神经传递到大脑,形成对物体的色彩信息,即人的色彩感觉。

光、眼、物三者之间的关系构成了色彩研究和色彩学的基本内容,同时也是色彩实践的理论基础与依据。

2.色彩的分类

1)固有色

固有色是指物体本身所固有的色彩,如红花之红与绿叶之绿。固有色是指物体固有的属性在常态光源下呈现出来的色彩。

固有色,就是物体本身所呈现的固有的色彩。对固有色的把握,主要是准确地把握物体的色相。

因为固有色在一个物体中占有的面积最大,所以对它的研究十分重要。一般来讲,物体呈现固有色最明显的地方是受光面与背光面之间的中间部分,也就是素描调子中的灰部,通常称为半调子或中间色彩。因为在这个范围内,物体受外部条件色彩的影响较少。它的变化主要是明度变化和色相本身的变化,饱和度也往往最高。

2)光源色

光源色是由各种光源发出的光,由于光波的长短、强弱、比例性质不同而形成不同的色光。除日光的光谱是连续不间断的外,日常生活中的光很难有完整的光谱色出现,这些光源色反映的是光谱色中所缺少颜色的补色。检测光源色的条件:要求被照物体是白色、不透明、表面光滑的。

自然界的白色光(如阳光)是由红、绿、蓝3种波长不同的颜色组成的。人们所看到的红花,是因为绿色和蓝色波长的光线被物体吸收,而红色的光线反射到人们眼睛里的结果。同样的道理,绿色和红色波长的光线被物体吸收而反射为蓝色,蓝色和红色波长的光线被吸收而反射为绿色。

3)环境色

环境色是指在太阳光照射下,环境所呈现的颜色。物体表现的色彩是与光源色、环境色和自身色3者混合而成的,所以在研究物体表面的颜色时,环境色和光源色必须考虑。

物体表面受到光照后,除吸收一定的光外,也能反射到周围的物体上,尤其是光滑的材质具有强烈的反射作用。环境色的存在和变化加强了画面相互之间的色彩呼应和联系,能够微妙地表现出物体的质感,也大大丰富了画面中的色彩。所以,环境色的运用和掌控在绘画中显得十分重要。

物体的固有色是会受到环境色的影响而发生变化的。越光滑的物体的颜色受光的影响会越大。

3.色彩的属性

1)色相

色相是色彩的首要特征,是区别各种不同色彩的最准确的标准。事实上任何黑、白、灰以外的颜色都有色相的属性,而色相也就是由原色、间色和复色来构成的。色相是色彩可呈现出来的质的面貌。

光谱中有红、黄、蓝、绿、紫、橙 6 种根本色光,人的眼睛可以分辨出约 180 种不同色相的色彩。

原色:不能通过其他颜色调和得出的颜色称为原色。红、黄、蓝组成三原色。

间色:某两种颜色相互混合的颜色。例如,橙＝黄＋红,绿＝黄＋蓝,紫＝红＋蓝。

复色:由 3 种原色按不同比例调配而成,或间色与间色调配而成的,也叫三次色。

补色:与一种颜色在色轮上所处位置相对的颜色。

2)明度

明度是指色彩的深浅、明暗。它主要是由光线强弱决定的一种视觉经验。

明度不仅取决于物体的照明程度,而且取决于物体表面的反射系数。如果人们看到的光线来源于光源,那么明度取决于光源的强度;如果人们看到的是来源于物体表面反射的光线,那么明度取决于照明的光源的强度和物体表面的反射系数。

明度可以简单理解为颜色的亮度,不同的颜色具有不同的明度。应用于绘画当中,人们可以通过改变颜色的明度来体现画面所要表达的内容。

3)纯度

纯度通常是指色彩的鲜艳度,也称饱和度。从科学的角度看,一种颜色的鲜艳度取决于这一色相发射光的单一程度。人眼能辨别的有单色光特征的色,都具有一定的鲜艳度。不同的色相不仅明度不同,纯度也不相同。

色度、饱和度、彩度是同一概念,是"色彩三属性"之一。通俗地讲,纯度指的是色彩的鲜艳程度,如三原色的纯度一般要高于其他的颜色的纯度。

4.色彩的冷暖

色彩本身没有冷暖之分,其冷暖是建立在人的生理、心理、生活经验等方面之上的,是对色彩一种感性的认识。一般而言,光源直接照射到物体的主要受光面相对较明亮,使得物体这部分变为暖色,相对没有受光的暗面则变为冷色。

1)冷色

冷色来自蓝色调,比如蓝色、青色和绿色。

冷色给人透明、清新和宁静的感觉。

2)暖色

暖色由红色调组成,比如橙色、红色和黄色。它们给人温暖和舒适的感觉。暖色力度强,分量重。

二、现代建筑设计理念创新的方向

随着中国一步步坚实地步入国际现代建筑舞台,中国的建筑创作水平将越来越受到全球的关注。中国建筑师已不再陶醉于古建筑的诗情画意,而更希望在现代建筑创作领域中独树一帜。我们向世界展示的应是中国不但自古就有"天人合一"的创造环境和改造自然的哲学思想,更有今天的研究环境、与自然共生的可持续发展的创作理念和水平。

现代建筑尽管加入了浓重的时代色彩,但也并非是对传统建筑美学标准的全面扬弃。建筑创作的最原始的机理仍旧使我们不能放弃传统的美学原则。准确地讲,现代建筑的标准应是对传统建筑美学原则的拓展。

第一,建筑要有可持续发展的观念。可持续发展的概念早在 1980 年就已被国际自然联盟所接受,但大体而论,它只限于保护主义者的论坛。此概念引入建筑界只是近几十年的事,它描述了一个不允许使自然资源基础恶化的过程。在建筑中"可持续性"特别强调地球与人类共生环境不被破坏,能够持续向未来发展,它超越了"节能"这一单一的概念,考虑寻求共生未来。

第二,现代建筑的标准应把自然和建筑对环境的影响放在第一位。建筑不是孤立的艺术品,它是人类活动的载体,更是社会环境的一部分。如果一幢建筑破坏了景观,污染了环境,妨害了社会秩序,即便它再美也不能算是一个优秀的建筑。所以,现代建筑应首先考察建筑对其环境的作用,看其在人文环境、自然环境、景观、能源、小气候、排污及自净等方面是否达到相应的标准,是否能是一幢无废、无污染的绿色建筑。只有当环境这第一位的问题考察充分了才能考虑下一步功能、空间、比例、尺度、美观等问题。

第三,运用 GIS 系统、全球定位系统、动态模拟系统、实态调查快速跟踪系统等近代科技手段对现在新兴新型建筑进行客观的、科学的、定量的统计与分析,及时掌握时代的脉搏。

显然,在当今潮流中优秀建筑的标准已绝不是单纯的造型上的好看与难看的问题了,没有对环境的分析与理解,没有可持续发展的意识,如此创造出来的建筑充其量只能是一个仅代表建筑师个人情感和意愿的作品。不可否认,时代的发展要求我们必须按照适应时代发展的全新的标准来设计建筑作品。

第三节　可持续发展建筑设计与生态建筑设计

一、可持续发展建筑设计

(一)可持续建筑的意义

可持续发展是全人类共同的理想,生活在地球上的每一个人、每一个国家、每一个行业和领域都有责任为维护人类的生存环境而奋斗。建筑的可持续发展正是国际上建筑相关领域的不同角色为了实现人类可持续发展战略所采取的重大举措和对国际潮流的积极回应。

1. 可持续建筑的社会因素

建筑的根本任务就是要改造自然环境,为人类建造能满足物质生活和精神生活需要的人工环境。但传统的建筑活动在为人们提供生产和生活用房时,也和其他行业一样过度消耗自然资源,同时建筑垃圾、灰尘、城市废热等也造成了严重的环境污染。据统计,建筑消耗约占全球 1/2 的资源(包括材料、能源、水、耕地的占用);同时,由建筑所产生的废弃物正严重污染着地球,并损害着人类的健康。令人担忧的是,不仅处于建筑内的人群的健康受到威胁,就连整座城市甚至于人类社会自身都面临着由于建筑影响环境带来的严峻挑战。

2. 可持续建筑的技术因素

一个地区的建设表明了其对地理、历史及资源的态度。在建筑相关的能源技术方面,要达到减少二氧化碳排放量的目标,需要视化石能源为一种严重不足并且正在减少的资源,需要开发新的能源(太阳能、风能、生物能)。我们需要寻求新技术和新方法解决建筑面临的土地、材料和水资源消耗过大,对环境影响过大的问题。我们必须考虑地方差异性(资源、气候、场地等),更加注重因地制宜;选择更加适宜的技术,尽量选用当地能源和材料,应用最适宜的而不是最廉价的建造工艺,使用寿命周期评估方法对建筑方案进行评估。

在可持续思潮的影响之下,建筑师和工程师已经开始认可他们的行为所应当承担的全球性责任。建立于良性环境影响基础之上的建筑领域的新道德规范正在形成。寿命周期评估、对设计进行历史性思考、为环境措施建立一套方法论,在建筑领域已经开始影响很多人的思维。在建筑实践中,设计水平和技术水平在不断发展和提高,我们的建造技术已经变得更加合适、有效。如果设计人员能从可持续发展的角度更好地节约土地资源、提高能源利用效率、减少对自然环境的破坏,那么,社会的发展就不会危及我们的后代。

(二)可持续建筑的设计策略

可持续建筑可采用层层深入的设计方法,由外到内逐层剖析。采取的生态技术策略大致可分为 4 个层次,基本涵盖了绿色建筑评价标准中的各项评价指标:

(1)建筑物对环境造成压力,产生负面影响,因此,建筑要对周边环境做出生态化的回应和补偿。

(2)建筑物的外皮即围护结构是建筑节能的基础,重点要解决好墙体、门窗材料和构造的节能,要选用绿色节能材料。在建筑节材节能方面,结构体系的潜力很大,所以改革的重点是结构体系整体优化、结构与围护一体化和房屋工业化生产。

(3)要在节能的前提下创造健康舒适的室内环境,生态策略的选择应注意被动式设计策略优先,优化主动式设计策略。

(4)高效利用石化能源,积极开发利用可再生能源。

总的来说,可持续建筑设计策略应体现资源整合、集成创新、整体最优的原则。

二、生态建筑设计

(一)生态建筑设计原则

生态建筑设计要协调好建筑与人、建筑与自然、人与自然三者之间的相互关系。从生态学基本原理和可持续发展观出发,其基本设计原则可概括为以下 5 条。

1. 尊重自然,体现"整体优先"和"生态优先"的原则

由于整体生态系统的功能远远大于其组成部分功能之和,所以在进行建筑活动时,必须首先明确或预测整体生态系统的结构和功能。建筑作为地球生态系统的组成部分,建筑活动应优先考虑建筑生态系统的结构和功能需要。保护地球生物圈的植被、合理利用地球资源、维护生物多样性、消除环境污染、维持生态平衡,是当今建筑活动必须首先考虑的问题。另外,要使建筑生态系统的结构、功能合理优化,要求在建筑活动时不仅要关注"生物人"和"社会人"的生态需要,同时还要顾及其他生物生存和发展的需要,强调生物物种和生态系统的价值和权利,认为物种和生态系统具有道德优先性。长期以来,建筑活动忽略了建筑服务于其上层系统的功能,只考虑到人的生存发展需要,由此造成了盲目建设,滥用资源,使地球生态系统遭到严重破坏。"整体优先"的原则,要求在进行建筑设计时,遵从局部利益必须服从整体利益,短期利益必须服从长远利益。

2. 满足人和自然共同、持续、和谐发展的需要

满足人的生存发展需要不仅是建筑产生的根本原因,也是建筑活动致力的最终目标,还是人类社会进步的根本动力所在。生态建筑活动必须以人的需求和发展为基本出发点,但是不能为了满足"人"的需要而不顾其他自然生物的生态需要,破坏生态环境,也不能为了保护生态环境而忽视或降低人的需要。两者必须并重,才能实现自然与人类和谐共处、共同发展。

3. 充分利用自然资源,体现"少费多用"的原则

在目前资源匮乏的现状下,特别强调对能源的高效利用,对资材充分利用和循环利用,充分体现"4R"原则:Reduce——减少对资源的消耗。例如,节能、节水、节地、节材等,减少对环境的破坏,减少对人类健康的不良影响;在设计中要树立"含能"意识,尽量采用本地材料,减少或避免使用制造、加工、运输和安装过程耗能较大、对环境不利影响较大的建筑材料或构件。Recycle——对建筑中的各种资源,尤其是稀有资源、紧缺资源或不能自然降解的物质尽可能地加以回收、循环使用,或者通过某种方式加工提炼后进一步使用;同时,在选择建筑材料的时候,预先考虑其最终失效后的处置方式,优先选用可循环使用的材料。Reuse——在建筑活动中,重新利用一切可以利用的旧材料、构配件、旧设备、旧家具等,以做到物尽其用,减少消耗。在设计中,要注重建筑空间和结构的灵活性,以利于建筑使用过程

中的更新、改造和重新利用。Renewable——尽可能地利用可再生资源，如太阳能、风能等，它们对环境无害，且是可持续利用的。

4.与周围环境相适应，体现"因地制宜"的原则

首先是与周围自然环境相适应。提倡采用"被动式"设计策略，提高建筑对环境气候的适应能力。研究及实践表明，与当地气候、地形、地貌、生物、材料和水资源相适应的建筑，与忽视其周围环境、完全依靠机械设备的建筑相比，具有更舒适健康且更高效的性能。很好地利用场地现有的各种自然资源，同时减少使用稀缺而昂贵的设备，是让使用者在与自然环境有所联系的同时减少建筑造价的最佳途径。其次是与周围人文环境相适应。体现和延续地方文化和民俗，注重历史文物和建筑的保护，发扬传统文化，并适应人文环境的新需要。

5.注意过程环节，体现"发展变化"的原则

建筑生态系统是不断变化发展的，在进行生态建筑设计时，要充分考虑这种变动性，并找到适应这种变化的策略方法，从而延长建筑的使用寿命，减少其全生命周期的资源消耗。为此，要求在进行生态建筑设计时注重每一个环节，预测其环境和建筑本身在未来可能发生的变化，并提出相应对策。另外，树立防患于未然的设计意识，具有实践和经济上的双重意义。例如：采用低毒或无毒建筑材料和施工方法，比通过大量通风稀释室内有毒气体成分的方法更加有效。通过设计减少供热、制冷和采光需求，比安装更多或更大型的机械/电力设备更加经济。

（二）生态建筑设计的基本问题

对生态建筑的探讨，也是倡导能促进人类健康的建筑形式，适应建筑所在的环境，尽可能地减少对环境的破坏。这些问题必须在当代生态建筑和设施设计中得以考虑和解决，其中的3个基本问题是资源利用、舒适健康和可持续性。

1.资源利用

关于生态建筑理论的阐述，已经渐渐地涵盖了拯救全球环境的技术措施，如技术革新、合理规划、材料利用、能效管理等。然而，在对建筑是否具备与自然协调的属性、是否会对地球的生态系统造成影响的判断方面，直觉思维与数据分析和技术运用一样，都需要渊博的学识和精神境界。解决能源的保护和利用问题就是很好的一个实例。在20世纪七八十年代，一些国家曾通过一系列的建议提倡全社会节

约能源。在欧洲,政府还发起过多项研究课题,形成指导书、章程甚至法律条文以促进环境的保护,这在施工建造中控制噪声污染等具体方面确实起到了一定的作用,但从全社会来说,依然收效甚微;事实上,大多数建筑师认为,政府所倡导解决的环境问题侧重于设计的实际功效,它早就包含在传承至今的设计理论中,因而并未多加理会。但对关于建筑设计内涵的重提,预示着为多数建筑师所忽视的环境效益问题正日渐受到人们的关注。到 20 世纪 90 年代初,保护生态环境问题开始在国际会议上得到更高的重视。而对于资源利用这一问题的关注,已经从简单的节约土地、保护水资源、合理开采矿藏资源发展到对资源的高效利用、再利用等问题的研究及其在建筑中的实施。

2.舒适健康

生态建筑还应该是舒适健康的建筑。那么健康的标准是什么呢? 我国 1979年出版的《辞海》,将健康定义为:"人体各器官系统发育良好,功能正常,体质健壮,精力充沛并且有良好劳动效能的状态。通常用人体测量、体格检查和各种生理指标来衡量。"1999 年出版的《辞海》则将健康定义改为:"人体各器官系统发育良好,功能正常,体质健壮,精力充沛并且有健全的身心和社会适应能力的状态。通常用人体测量、体格检查、各种生理和心理指标来衡量。"仔细分析这前后的差异,可以发现,随着时间的变迁、社会的进步,健康标准的内涵扩大了,增加了另一个衡量标准——"心理"因素,并将心理健康提高到与生理健康同等重要的地位,"身"与"心"的健全程度,成为评定人的身体健康状况所必不可少的两个参数。同样,世界卫生组织所定义的健康标准是"一种具备身体强健、精神愉悦及良好的社会适应能力的状态",取代了过去简单的"没有疾病,即为健康"的观念。由此看来,过去那种仅仅满足于身体没有疾病的观念是非常片面的,我们所要追求的应该是一种整体状态下的身心健康。由于建筑环境在很大程度上影响着每个人的心理感受,因此,健康和舒适应该是生态建筑设计的宗旨和目标,从分析人们在生活环境中受到生理、心理等方面的影响着手,研究人—机(建筑、设施)—环境系统中交互作用着的各项指标(效率、健康、安全、舒适等)的最优化问题。

除了作为遮挡风雨、安全栖息的场所,舒适的概念是与"病态"建筑相对立的。"病态"建筑不仅环境条件恶劣而且有损使用者的健康。米切尔在 1984 年出版的名为《如何面对疾病与健康》一书中提出了保障人生健康的七要素:①卫生安全的生活环境;②适时的休闲娱乐;③合理的生活水准;④善于排解长期的忧虑烦恼;⑤对未来充满希望;⑥自信、自主的精神品质;⑦能够发挥自身才能且报酬合理的工作。

　　显然,其中多数因素是与社会整体影响密切相关的,但也不难推断出环境在其中所起的作用。

3.可持续性

　　生态建筑的可持续性,不仅体现在使用过程中最大限度地减少对环境的影响,其首先所体现的应该是建筑设计所具备的前瞻性。任何建筑的设计都是源于对其所在地的气候、技术、文化和用地等环境要素的反映,必须通过理智思考和反复推敲,做到创造性的灵感发挥和对环境因素的权衡再三,才能使建筑物犹如当地土生土长的植物一样从大地上破土而出、茁壮成长。确定其是否具备可持续性和节能特性,也是与这些环境要素密不可分的,而且会直接关系到建筑设计的中心内容,这些设计过程就是生态建筑学也就是绿色运动议程中所提到的"为减少对环境破坏而努力"这一思想在建筑领域的确切表现。对环境设施的评价、分析和组织与场地规划、结构选型、辅助设施设计、空间形态和外观形式等在建筑设计中占有同样重要的地位。事实上,前者对后者起着决定性的作用,对于生态的关注应该融合在所有建筑中甚至成为某些佳作的点睛之笔。

第七章　现代建筑设计的新发展
——绿色建筑

当代科学技术进步和社会生产力的高速发展加速了人类文明的进程,人口剧增、资源过度消耗、气候变异、环境污染和生态破坏等问题威胁着人类的生存和发展。随着科技的发展,人们对与居住环境相关的建筑物结构、材料等都有了新的认识,绿色建筑成为当前建筑行业的发展方向。本章重点对绿色建筑概述、绿色建筑的发展沿革以及绿色建筑设计的原则、内容与方法进行了深入剖析。

第一节　绿色建筑概述

一、绿色建筑的概念与内涵

(一)绿色建筑的概念

众所周知,建筑物在其设计、建造、使用、拆除等整个生命周期内需要消耗大量的资源和能源,同时往往会造成严重的环境污染问题。据统计,建筑物在其建造、使用过程中消耗了全球能源的 50%,产生的污染物约占污染物总量的 34%。鉴于全球资源环境方面面临的种种严峻现实,社会、经济包括建筑业的可持续发展问题必然成为人们关注的焦点,并纷纷上升为国策。绿色建筑(green building)正是遵循保护地球环境、节约资源、确保人居环境质量这样一些可持续发展的基本原则,由西方发达国家于 20 世纪 70 年代率先提出的一种建筑理念。从这个意义上说,绿色建筑也就是可持续建筑。

根据联合国 21 世纪议程,可持续发展应具有环境、社会和经济 3 个方面内容。国际上对可持续建筑的概念,从最初的低能耗(low energy)、零能耗(zero energy)

建筑,到后来的能效建筑(energy efficient building)、环境友好建筑(environmentally friendly building),再到近年来的绿色建筑(green building)和生态建筑(ecological building),有着各种各样的提法。在这里将其归纳为:低能耗、零能耗建筑属于可持续建筑发展的第一阶段,能效建筑、环境友好建筑应该属于第二阶段,而绿色建筑、生态建筑可认为是可持续建筑发展的第三阶段。近年来,绿色建筑和生态建筑这两个词被广泛应用于建筑领域中,人们似乎认为这二者之间的差别甚小,其实不然,绿色建筑与居住者的健康和居住环境紧密相连,其主要考虑建筑所产生的环境因素;而生态建筑则侧重于生态平衡和生态系统的研究,其主要考虑建筑中的生态因素。还应注意,绿色建筑综合了能源问题和与健康舒适相关的一些生态问题,但这不是简单的一加一,因此绿色建筑需要采用一种整体的思维和集成的方法去解决问题。

究竟什么是绿色建筑呢? 由于各国经济发展水平、地理位置和人均资源等条件的不同,国际上对绿色建筑定义和内涵的理解不尽相同。英国建筑设备研究与信息协会(BSRIA)指出,一个有利于人们健康的绿色建筑,其建造和管理应基于高效的资源利用和生态效益原则。美国加利福尼亚环境保护协会(Cal/EPA)指出:绿色建筑也称为可持续建筑,是一种在设计、修建、装修或在生态和资源方面有回收利用价值的建筑形式。绿色建筑要达到一定的目标,比如高效地利用能源、水以及其他资源来保障人体健康,提高生产力,减少建筑对环境的影响。我国在国家标准《绿色建筑技术导则》和《绿色建筑评价标准》中,将绿色建筑明确定义为"在建筑的全寿命周期内,最大限度地节约资源(节能、节地、节水、节材)、保护环境和减少污染,为人们提供健康、适用和高效的使用空间,与自然和谐共生的建筑"。

关于绿色建筑,也可以理解为是一种以生态学的方式和资源有效利用的方式进行设计、建造、维修、操作或再使用的构筑物。绿色建筑的设计要满足某些特定的目标,如保护居住者的健康,提高员工的生产力,更有效地使用能源、水及其他资源以及减少对环境的综合影响等。绿色建筑涵盖了建筑规划、设计、建造及改造、材料生产、运输、拆除及回收再利用等所有和建筑活动相关的环节,涉及建设单位、规划设计单位、施工与监理单位、建筑产品研发企业和有关政府管理部门等。

绿色建筑概念有狭义和广义之分。以狭义来说,绿色建筑是在其设计、建造以及使用过程中节能、节水、节地、节材的环保建筑。以广义而言,绿色建筑是人类与自然环境协同发展、和谐共进,并能使人类可持续发展的文化。它包括持续农业、生态工程、绿色企业,也包括了有绿色象征意义的生态意识、生态哲学、环境美学、生态艺术、生态旅游以及生态伦理学、生态教育等诸多方面。除了绿色建筑以外,生态节能建筑、可持续发展建筑、生态建筑也可看成是和绿色建筑相同的概念,而智能建筑、节能建筑则可视为应用绿色建筑理念的一项综合工程。

当然,还有很多关于绿色建筑的观点,但归纳起来,绿色建筑就是让我们应用环境回馈和资源效率的集成思维去设计和建造建筑。绿色建筑有利于资源节约(包括提高能源效率、利用可再生能源、水资源保护),它充分考虑自身对环境的影响和废弃物最低化;它致力于创建一个健康舒适的人居环境,致力于降低建筑使用和维护费用;它从建筑及其构件的生命周期出发,考虑其性能和对经济、环境的影响。

(二)绿色建筑的内涵

绿色建筑是在城市建设过程中实现可持续理念的方法,需要有明确的设计理念、具体的技术支撑和可操作的评估体系。在不同机构、不同角度上,绿色建筑概念的侧重不同。

美国成立了美国绿色建筑协会,制定了可实施操作的《绿色建筑评估体系》(LEED),并认为绿色建筑追求的是如何实现从建筑材料的生产、运输、建筑、施工到运行和拆除的全生命周期,建筑对环境造成危害总量最小,同时保证居住者和使用者有舒适的居住质量。最初的评估体系分为5个方面:合理的建筑选址(sustainable sites)、节水(water efficiency)、能源和大气环境(energy and atmosphere)、材料和资源(material and resource)及室内环境质量(indoor environmental quality)。该标准成为绿色建筑实践与设计的有力推动者。

除了绿色建筑的可持续发展理念外,在建筑学领域也有"环境共生建筑""绿建筑""节能省地型建筑""健康建筑"等,它们在本质上都是在规划建筑领域对可持续发展思想的解读。

"环境共生建筑"源于日本,在日本建筑物环境效率综合评价体系(CASBEE)中关于它的定义是:对环境产生的负荷极小,并能保持可持续发展的建筑。

"绿建筑"是我国台湾地区的称谓,是指在建筑生命周期中,以最节约能源、最有效利用资源、最低环境负荷的方式与手段,建造最安全、健康、讲求效率及舒适的居住空间,达到人及建筑与环境共生共荣、永续发展的目标。

"节能省地型建筑"是具有中国特色的可持续建筑理念,以节能、节地、节水、节材(以下简称"四节"),实现建筑的可持续发展。

绿色建筑还被称为"生态建筑""生态化建筑"。讨论与绿色建筑相关的名称有什么并不重要,重要的是确定归纳它们的内涵。以上的各种称谓中,其内涵有宽有窄,但主要涉及以下3个方面：①最大限度地减少对地球资源与环境的负荷和影响，最大限度地利用已有资源；②创造健康、舒适的生活环境；③与周围自然环境相融合。

综上所述，在绿色建筑概念的表述中有两种倾向：其一倾向于原则的罗列，像各种组织、各类国际会议提出的宣言、纲领等，如《芝加哥宣言》；其二倾向于技术的罗列，多用绿色建筑涉及的技术解读绿色建筑的内涵。这两种倾向均不完整，通过前面的叙述可以梳理出绿色建筑产生与发展的脉络，由此我们对绿色建筑的概念进行如下解析。

（1）回应"环境"，确定绿色建筑。人类发展带来的环境生存压力催生了可持续发展的理念，同时政府、社会、专家学者的一致行动使之得以全方位实施。可持续发展源于环境问题，绿色建筑概念是对环境问题的回应。

①保护环境是绿色建筑的目标与前提，包括建筑物周边的小环境及城市和自然的大环境的保护。

②减小对环境的压力。绿色建筑追求降低环境负荷，如减少能耗、节约用水以及我国政府提出"节能、节地、节水、节材"的目标。绿色建筑的早期发展从节能出发，被称为"节能建筑"。

③充分利用能源与资源（包括水资源、材料等）如自然能源风能、水能、地热能、生物质能等可再生能源及资源的回收及利用。绿色建筑的早期也从自然能源的角度出发，曾被称为"太阳能建筑"。

④充分利用有限的环境因素，例如地势、气候、阳光、空气、水流等自然因素。

⑤解决环境问题污染的控制。

⑥强调人与环境和谐。绿色建筑强调与环境相融合。

（2）说明实施绿色建筑的方法与手段。绿色建筑成为城市建设领域实现可持续发展的方法与手段。

（3）解读绿色建筑与人的关系。绿色建筑有健康和舒适的结构布置、朝向、形状，室内空间布局合理，有良好的自然采光系统和充分的自然通风条件，宜人的周围环境，其内部与外部采取了有效连通的办法，能对气候变化自动调节。

（4）注重建筑活动的全过程。随着人类可持续发展战略的不断实践与创新，人们对绿色建筑内涵的理解也不断深化。人们对绿色建筑的研究范围已经从能源方面扩展到了全面审视建筑活动对全球生态环境、周边生态环境和居住者所生活的环境的影响，这是"空间"上的全面性；同时，这种全面性审视还包括"时间"上的全面性，即审视建筑的"全寿命"影响，包括原材料开采、运输与加工、建造、使用、维修、改造和拆除等各个环节。

二、绿色建筑的要素

（一）自然和谐

自然和谐是绿色建筑的又一本质特征。这实际上是中国传统的"天人合一"的唯物辩证法思想和美学特征在建筑和房地产领域里的反映。"天"代表着自然物质环境，"人"代表着认识与改造自然物质环境的思想和行为主体，"合"是矛盾的联系、运动、变化和发展，"一"是矛盾相互依存的根本属性。这种传统的认识认为人与自然的关系是一种辩证和谐的对立统一关系——如果没有人，一切矛盾运动均无从觉察，何以言谈矛盾；如果没有天，一切矛盾运动均失去产生、存在和发展的载体；唯有人可以认识和运用万物的矛盾；唯有天可以成为人们认识和运用矛盾的物质资源。以天与人作为宇宙万物矛盾运动的代表，最透彻地表现了宇宙的原貌和变迁。

自然和谐，天人一致，宇宙自然是大天地，人则是一个小天地。天人相应，天人相通，人和自然在本质上是相通和对应的。人类为了让自身可持续发展，就必须使其各种活动，包括建筑活动及其结果和产物与自然和谐共生。

自然和谐同时也是美学的基本特性。只有自然和谐，才有美可言。美就是自然，美就是和谐。

绿色建筑就是要求人类的建筑活动顺应自然规律，做到人及其建筑与自然和谐共生。

2008年北京奥运会的许多场馆，如奥运会主场馆国家体育场"鸟巢"（见图7-1）等，从形式到内容都十分典型和巧妙地体现了绿色建筑自然和谐的设计理念和元素。

图 7-1　国家体育场"鸟巢"

同样,中国 2010 年上海世博会中国馆(见图 7-2)既体现出"城市发展中的中华智慧"这一主题,又反映了我国自然和谐与天人合一的和谐世界观,同时表现出中国传统的文化内涵,并且蕴含了独特的中国元素,系统地展示了以"和谐"为核心的中华智慧,成为独一无二的标志性建筑群体,是绿色建筑自然和谐的设计理念和元素完美应用的又一范例。

图 7-2　2010 年上海世博会中国馆

(二)耐久适用

耐久适用是对绿色建筑最基本的要求之一。耐久是指在正常运行维护和不需要进行大修的条件下,绿色建筑物的使用寿命满足一定的设计使用年限要求(如不发生严重的风化、老化、衰减、失真、腐蚀和锈蚀等)。适用是指在正常使用条件下,绿色建筑物的功能和工作性能满足于建造时的设计年限的使用要求,如不发生影响正常使用的过大变形、过大振幅、过大裂缝、过大衰变、过大失真、过大腐蚀和过大锈蚀等;同时,也适合于一定条件下的改造使用要求(如根据市场需要,将自用型办公楼改造为出租型写字楼,将餐厅改造为酒吧或咖啡厅等)。

即便是临时性建筑物也有这样的绿色化问题。如 2008 年北京奥运会临时场馆国家会议中心击剑馆(见图 7-3)等,就体现了绿色建筑耐久适用的设计理念和元素。奥运会期间,它用作国际广播电视中心(IBC)、主新闻中心(MPC)、击剑馆和注册媒体接待酒店。奥运会后,它被改造为满足会议中心运营要求的国家会议中心。

图 7-3　国家会议中心击剑馆

（三）低耗高效

低耗高效是绿色建筑的基本特征之一。这是一个全方位、全过程的低耗高效概念，是从两个不同方面来满足两型社会建设的基本要求。

绿色建筑要求建筑物在设计理念、技术采用和运行管理等环节上对低耗高效予以充分的体现和反映，因地制宜和实事求是地使建筑物在采暖、空调、通风、采光、照明、用水等方面在降低需求的同时高效地利用所需资源。

2008 年北京奥运会的许多场馆，如奥运柔道跆拳道馆——北京科技大学体育馆（见图 7-4）等，就融有绿色建筑低耗高效的设计理念和元素。

图 7-4　北京科技大学体育馆

（四）节约环保

节约环保是绿色建筑的基本特征之一。这是一个全方位、全过程的节约环保概念,包括用地、用能、用水、用材等的节约与环保,这也是人、建筑与环境生态共存和两型社会建设的基本要求。2008 年北京奥运会的许多场馆,如国家体育馆(见图 7-5)的地基处理和太阳能电池板系统等,就融有绿色建筑节约环保的设计理念和元素。

图 7-5　国家体育馆

除了物质资源方面的有形节约外,还有时空资源等方面所体现的无形节约。例如,绿色建筑要求建筑物的场地交通要做到组织合理,选址和建筑物出入口的设置要方便人们充分利用公共交通网络,到达公共交通站点的步行距离不超过 500 m等。这不仅是一种人性化的设计问题,也是一个时空资源节约的设计问题。这就要求人们在构造绿色建筑物的时候要全方位、全过程地进行通盘的综合整体考虑。再比如英国伦敦市政大楼,由于较好地运用了许多新型适用的技术,其节能率达到 70% 以上,节水率约为 40%,并且有良好的室内空气环境条件。在绿色建筑里工作的人们,可以减少 10%～15% 的得病率,精神状况和工作心情得到改善,工作效率大幅提高。这也是另一种节约的意义。

(五)绿色文明

绿色文明实际上就是生态文明。绿色是生态的一种典型的表现形式,文明则是实质内容。建设生态文明,基本形成节约能源资源和保护生态环境的产业结构、增长方式、消费模式已经作为我国实现全面建设小康社会奋斗目标的一项国家战略。倡导生态文明建设,不仅对中国自身发展有深远影响,而且也是中华民族面对全球日益严峻的生态环境危机向全世界所做出的庄严承诺。

生态是指生物之间以及生物与环境之间的相互关系与存在状态,亦即自然生态。自然生态有着自在自为、新陈代谢、发展消亡和恢复再造的发展规律。人类社会认识和掌握了这些规律,把自然生态纳入人类可以适应和改造的范围之内,就形成了人类文明。文明是人类文化发展的成果,是人类认识、适应、关爱和改造世界的物质和精神成果的总和,是人类社会进步的标志。生态文明,就是人类遵循人、社会与自然和谐发展这一客观规律而取得的物质与精神成果的总和,是指以人与自然、人与人、人与社会和谐共生、良性循环、全面发展、持续繁荣为基本宗旨的文化伦理形态。

近三百年的工业文明以人类"征服"自然为主要特征。世界工业化的迅速发展使得人类征服自然的文明已经发展到终极,一系列全球性生态危机正不断地显示着自然界对这种征服的不满和报复。如果人类再继续这样的"征服",非但不是文明的表现,恰恰说明了人类的贪婪、野蛮、愚昧和无知,最终只能是人类的自毁和消亡。自然界已经反复向人类发出这样的警示:地球再也没有能力支持人类的这种工业文明的继续发展了。人类必须开创一个新的文明形态来延续人类社会的文明进程,这种文明形态就是生态文明。

如果我们把农业文明称为"黄色文明",工业文明称为"黑色文明",那么生态文明就是"绿色文明"。

因此,绿色文明注定成为绿色建筑的基本特征之一。绿色文明是 2008 年北京奥运会"绿色奥运、科技奥运和人文奥运"的三大主题之一,2008 年北京奥运会的所有场馆(如北京奥林匹克公园网球场等)都融有绿色建筑绿色文明的设计理念和元素。

(六)健康舒适

健康舒适是随着人类社会的进步和人们对生活品质的不断追求而逐渐为人们所重视的,它是绿色建筑的另一基本特征,其核心是体现"以人为本"。目的是在有限的空间里提供有健康舒适保障的活动环境,全面提高人民生活工作环境品质,满足人们生理、心理、健康和卫生等方面的多种需求。这是一个综合的整体的系统概念,如空气、风、水、声、光、温度、湿度、地域、生态、定位、间距、形状、结构、围护和朝向等要素均要符合一定的健康舒适性要求。2008 年北京奥运会的许多场馆,如北京奥运村幼儿园(见图 7-6)工程的能源系统等,就融有绿色建筑健康舒适的设计理念和元素。

图 7-6　北京奥运村幼儿园

（七）科技先导

科技先导是绿色建筑的又一基本特征。这也是一个全面、全程和全方位的概念。绿色建筑是建筑节能、建筑环保、建筑智能化和绿色建材等一系列实用高新技术因地制宜、实事求是和经济合理的综合整体化集成，绝不是所谓的高新科技的简单堆砌和概念炒作。科技先导强调的是要将人类的科技实用成果恰到好处地应用于绿色建筑，也就是追求各种科学技术成果在最大限度地发挥自身优势的同时使绿色建筑系统作为一个综合有机整体的运行效率和效果最优化。我们对建筑进行绿色化程度的评价，不仅要看它运用了多少科技成果，而且要看它对科技成果的综合应用程度和整体效果。

2008 年北京奥运会的许多场馆，如国家体育场"鸟巢"（见图 7-7）和国家游泳中心"水立方"（见图 7-8）的内部结构等，都融有绿色建筑科技先导的设计理念和元素。

图 7-7　国家体育场"鸟巢"内部结构

图 7-8　国家游泳中心"水立方"内部结构

（八）安全可靠

安全可靠是绿色建筑的另一基本特征，也是人们对作为其栖息活动场所的建筑物的最基本要求之一，因此也有人认为，人类建造建筑物的目的就在于寻求生存与发展的"庇护"，这也反映了人们对建筑物建造者的人性与爱心和责任感与使命感的内心诉求。

安全可靠的实质是崇尚生命。所谓安全可靠是指绿色建筑在正常设计、正常施工和正常运用与维护条件下能够经受各种可能出现的作用和环境条件，并对有可能发生的偶然作用和环境异变仍能保持必需的整体稳定性和工作性能，不致发生连续性的倒塌和整体失效。对安全可靠的要求要贯穿建筑生命的全过程，不仅要在设计中考虑建筑物安全可靠的方方面面，还要将有关注意事项向相关人员予以事先说明和告知，使建筑在其生命预期内具有良好的安全可靠性及保障措施和条件。

绿色建筑的安全可靠性不仅是对建筑结构本体的要求，也是对绿色建筑作为一个多元绿色化物性载体的综合、整体和系统性的要求，同时还包括对建筑设施设备及其环境等的安全可靠性要求（如消防、安防、人防、私密性、水电和卫生等方面的安全可靠）。如 2008 年北京奥运会的所有场馆建设，如国家游泳中心"水立方"（见图 7-9）等，都融有绿色建筑安全可靠的设计理念和元素。

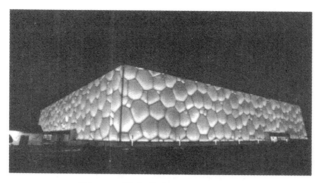

图 7-9 国家游泳中心"水立方"

第二节 绿色建筑的发展沿革

一、绿色建筑的国内外现状

(一)国内绿色建筑现状

面对能源紧缺,建设部为贯彻、执行《中华人民共和国节约能源法》,鼓励发展节能省地型住宅和公共建筑,推动节能 50%新标准的实施,近年来相继颁布了《民用建筑节能管理规定》《既有采暖居住建筑节能改造技术规程》《采暖居住建筑节能检验标准》《夏热冬冷地区居住建筑节能设计标准》《公共建筑设计节能标准》,并于 2005 年 4 月 15 日发布了《关于新建居住建筑严格执行节能设计标准的通知》,从政策、法规上保障建筑节能工作的顺利进行。

中国的绿色建筑研究始于 2001 年,近年来发展较为快速,尤其是 2005 年,由建设部、科技部、国家发展和改革委员会等重要部门共同召开的国际智能、绿色建筑与建筑节能大会充分显示政府对绿色建筑的重视和推动力。中国的绿色建筑发展呈现出勃勃生机。

2005 年,绿色建筑在设计阶段的执行率为 53%,施工阶段才 21%,也就是说当时大部分的新建建筑都不是节能建筑和绿色建筑;2006 年,设计阶段和施工阶段执行率大幅上升,但施工环节还有一半左右没有执行;2007年起,施工单位逐渐重视起来,到2008年施工阶段执行率已达82%。以上数据表明我国的绿色建筑事业的巨大进步。

各级政府亦大力倡导建筑节能降耗。上海市政府出台《建筑节能管理办法》,要求新建建筑物在设计、施工、竣工验收过程中应实行严格节能管理,必须达到建筑节能标准,要求对改建、扩建建筑的围护结构(包括外墙、屋顶、门窗)进行节能改造;广州市政府以建设建筑节能试点城市为契机,建立建筑节能设计审查、施工监督、验收备案制度,提高全民建筑节能意识,加大科研投入,建立建筑节能试点示范工程,以点带面,加强与国内外的研讨交流等,全面推进全市的建筑节能工作;青岛市已拥有节能建筑700万平方米,累计节约建筑耗能19.3万吨标准煤,从2005年起执行高于国家节能标准的65%节能标准,而这一标准目前只有北京和天津两个城市执行;江苏省根据建设部有关精神,在全省范围内大力推广"绿色建筑""节能建筑",并主要从建筑物体型系数、屋面、墙体及冷桥处理传热阻值、窗墙面积比及与其对应的传热阻值、遮阳设施、采暖空调设备设置是否合理及符合标准几个方面进行重点审查,并且强制性规定——今后开发商新盖住宅节能率必须符合标准,节能不超过50%者,审批时不予通过。

在国家的大力支持和从业人员的共同努力下,我国绿色建筑能源利用技术正日趋成熟。目前,绿色建筑能源应用正朝着集成化、规模化的方向发展。与此同时人们也必须清醒地认识到,由于中国绿色建筑起步晚,处在快速城市化的发展起步阶段,基础理论及思想准备还不够充足。绿色建筑在中国的发展面临着市场的考验和极端的困境,主要有:

(1)公众缺乏参与性意识。从普通大众而言,一些人尽管也表现出对绿色建筑的喜爱,但尚认识不到绿色建筑发展与自身利益的紧密联系,"事不关己,高高挂起"。对开发商而言,绿色建筑推广的瓶颈问题还是成本的增加。

(2)社会大环境生产链断档,效益不能体现。由于绿色行动还刚刚起步,整个行业发展还是困难重重,一些先行者举步维艰。另外,我国的相关标准水准还不到位,时有"无所适从,不知所处",执行力较弱。政府虽然大力倡导绿色建筑,但还缺乏机构和技术行动准备。

(3)设计机制和程序还不适应变革。绿色建筑需要在设计方案前期就引入采暖、通风、采光、照明、材料等多工种提前参与,因此从设计体制和设计人员来讲与绿色建筑的要求也还有一定差距。现阶段设计体制还停留在多工种分开的情况,没有整合。设计技术不灵活。"大而全"的设计院体制需要改革,专业化设计事务所应实行独立社会化服务,实行精细化服务。

总的来说,大力推广绿色建筑的重要性已毋庸置疑,但如何踏踏实实地将绿色建筑落实到实践开发中,而不是令其成为一个标签或者一个概念的简单操作,是我国当前面临的非常重要的问题。

(二)国际绿色建筑现状

20世纪中期,在全球资源环境危机中受绿色运动的影响和推动,许多学者以现代生态与环境的观念重新审视以前对建筑的认识,并且提出了许多新的理解,绿色建筑的思想和观念开始萌生。20世纪60年代初,美籍意大利建筑师保罗·索勒瑞把生态学(ecology)和建筑学(architecture)两词合并为"arology",提出了著名的"生态建筑"(绿色建筑)理念。1969年美国学者麦克哈格在《设计结合自然》一书中论证了人对自然的依存关系,批判了以人为中心的思想,提出了"适应"自然的原则,对绿色建筑学的发展产生了深远影响。20世纪70年代中期,一些国家开始实行建筑节能类的规范,并且以后逐步提高节能标准,这可以说是绿色建筑政府化行为的开始。1989年英国建筑师戴维·皮尔森提出住宅建筑中要减少对不可再生资源的依赖,充分利用自然可再生能源,使用无毒、无污染可再生的建材和产品,防止污染空气、水、土壤;促进公众参与设计,利用自然方法创造健康舒适的室内气候等。1991年布兰达·威尔和罗伯特·威尔提出了绿色建筑设计原则:节约能源、设计结合气候、能源和材料循环使用、尊重用户、尊重基地环境、整体的设计观等。

几十年来,绿色建筑由理念到实践,在发达国家逐步完善,形成了较成体系的设计方法、评估方法,各种新技术、新材料层出不穷。一些发达国家还组织起来共同探索实现建筑可持续发展的道路。如加拿大的"绿色建筑挑战"行动,采用新技术、新材料、新工艺,实行综合优化设计,使建筑在满足使用需要的基础上所消耗的资源、能源最少。日本颁布了《住宅建设计划法》,提出"重新组织大城市居住空间(环境)"的要求,满足21世纪人们对居住环境的需求,适应住房需求变化。德国在20世纪90年代开始推行适应生态环境的住区政策,以切实贯彻可持续发展的战略。法国在20世纪80年代进行了包括改善居住区环境为主要内容的大规模住区改造工作。瑞典实施了"百万套住宅计划",在住区建设与生态环境协调方面取得了令人瞩目的成就。

1990年,世界首个绿色建筑标准——《英国建筑研究所环境评价法(BREEAM)》发布。1992年于巴西召开的"联合国环境与发展大会"使"可持续发展"这一重要思想在世界范围达成共识。绿色建筑渐成体系并在不少国家实践推广,成为世界建筑发展的方向。1993 年,美国出版了《可持续设计指导原则》一书,书中提出了尊重基地生态系统和文化脉络、结合功能需要采用简单的适用技术、针对当地气候采用被动式能源策略、尽可能使用可更新的地方建筑材料等 9 项"可持续建筑设计原则"。1993 年 6 月,国际建筑师协会通过"芝加哥宣言",宣言中提出保持和恢复生物多样性,资源消耗最小化,降低大气、土壤和水的污染,使建筑物卫生、安全、舒适以及提高环境意识等原则。1995 年,美国绿色建筑委员会又提出能源及环境设计先导计划(LEED),5 年后加拿大推出《绿色建筑挑战 2000 标准》。2001 年 7 月,联合国环境规划署的国际环境技术中心和建筑研究与创新国际委员会签署了合作框架书,两者针对提高环境信息的预测能力展开大范围合作,这与发展中国家可持续建筑的发展和实施有紧密联系。2005 年 3 月,在北京召开的首届国际智能与绿色建筑技术研讨会上,与会各国政府有关主管部门与组织、国际机构、专家学者和企业在广泛交流的基础上,对 21 世纪智能与绿色建筑发展的背景、指导纲领和主要任务取得共识。会议通过的关于绿色建筑发展的《北京宣言》,有利于促进新千年国际智能与绿色建筑的健康快速发展,有利于建设一个高效、安全、舒适的人居环境。至今,国际建筑界对绿色建筑的理论研究还在不断地深化,绿色建筑的思想观念还在不断地发展。国外发达国家的绿色建筑起步较早,且不乏政府和社会的积极参与以及强大的科技支持,因而其绿色建筑的发展已取得初步成效,并继续向更深层次的应用发展。

二、绿色建筑在我国的发展

自 1992 年巴西里约热内卢联合国环境与发展大会以来,中国政府大力推动了绿色建筑的发展。1994 年,中国政府回应巴西里约热内卢联合国环境与发展大会对走可持续发展之路的总动员,通过并出版了《中国 21 世纪议程——中国 21 世纪人口、环境与发展白皮书》。国务院颁布了《中国 21 世纪初可持续发展行动纲要》,强调环境保护和污染防治。在此背景下,对城市建设及人类居住提出发展的目标,要求人类住区促进实现可持续发展,动员全民参与,建成规划布局合理,环境清洁、优美、安静,居住条件舒适的绿色住区。

2001 年 5 月,建设部住宅产业化促进中心研究和编制了《绿色生态住宅小区建设要点与技术导则》,提出以科技为先导,总体目标是推进住宅生态环境建设及提高住宅产业化水平,并以住宅小区为载体,全面提高住宅小区节能、节水、节地水平,控制总体治污,带动绿色产业发展,实现社会、经济、环境效益的统一。

2002年7月,建设部陆续颁布了《关于推进住宅产业现代化提高住宅质量若干意见》《中国生态住宅技术评价手册》升级版(2002版),并对十多个住宅小区的设计方案进行了设计、施工、竣工验收全过程的评价、指导与跟踪检验。

2002年10月底,我国又出台了《中华人民共和国环境影响评价法》,明确要从源头、总体上控制开发建设活动对环境的不利影响。

2004年,建设部制定《建筑节能试点示范工程(小区)管理办法》;科技奥运十大项目之一的"绿色建筑标准及评价体系研究"项目通过验收,应用于奥运建设项目;建设部颁布实行《全国绿色建筑创新管理办法》,建设部科学技术司发出《关于组织申报"首届全国绿色建筑创新奖"的通知》,并印发了《全国绿色建筑创新奖励推荐书(工程类)》和《全国绿色建筑创新奖励申报书(技术和产品类)》,同年又颁布施行《全国绿色建筑创新实施细则(试行)》及评审要点。

2005年3月召开的首届国际智能与绿色建筑技术研讨会暨技术与产品展览会发表了《北京宣言》,公布"全国绿色建筑创新奖"获奖项目及单位。同年发布了《建设部关于推进节能省地型建筑发展的指导意见》,修订了《民用建筑节能管理规定》,颁布实施了《公共建筑节能设计标准》(GB 50189—2005)。

2006年,召开了第2届国际智能、绿色建筑与建筑节能大会,颁布了《绿色建筑评价标准》。

2007年,召开了第3届国际智能、绿色建筑与建筑节能大会,筹建城市科学研究会节能与绿色建筑专业委员会,启动绿色建筑职业培训及政府培训。

开发商努力在市场经济的运作下,结合自身特点积极开展了绿色建筑关键技术体系的集成研究和应用实践,如北京的北潞春绿色生态小区、锋尚国际公寓、MOMA国际公寓、广州的汇景新城、上海的万科朗润园,均取得了较好的社会、经济效益。

2005年首届国际智能、绿色建筑与建筑节能大会公布了首批绿色建筑创新工程,包括以"上海生态世博"为背景的"上海生态建筑示范楼"科技部办公楼等运行良好的示范建筑。

中国绿色建筑的技术也日趋成熟。最初的绿色建筑探索多为单项技术的应用,如太阳能运用。在建筑物的热工性能改善方面的节能技术研究应用一直在进行,并取得了一定的成效。目前,节能技术是我国绿色建筑最主要运用的技术。

三、绿色建筑在国外的发展

(一)绿色建筑在美国的发展

20世纪60年代,随着世界环保运动的兴起,从对环境的关注开始,美国的绿色建筑进入了萌芽阶段,绿色建筑运动开始萌动。

以1962年美国人蕾切尔·卡逊出版的《沉寂的春天》为发端的环保运动给人类的生态环境意识和可持续发展意识产生了持续不断的影响。此后,美国成立了"美国环保协会",颁布了《国家环境政策法》(NEPA)。1969年,美国提出了"生态建筑"的概念,绿色建筑的初期理念开始形成。

进入20世纪70年代后,美国制定了许多至今仍在起作用的划时代的环境法规,开始领跑世界环境保护。同时进行了绿色建筑理念和知识体系的探索,成立了美国环保局,促成了1972年联合国第一次人类环境会议的召开。由此,每年的4月22日被定为"世界地球日"。

随后,美国相继颁布了《大气清洁法》(*Clean Air Act*)、《水清洁法》(*Clean Water Act*)、《安全饮用水法》(*Safe Drink Water Act*),对全球环保运动的兴起起到了积极的促进作用,推进1985年多国签署了《保护臭氧层的维也纳公约》,1987年24国签署了《关于消耗臭氧层物质的蒙特利尔议定书》,到2002年11月议定书第十四次缔约方大会已有142个缔约方的代表及一些国际组织和非政府组织观察员与会,包括40多个国家派出的部长级代表和由我国国家环保总局、外交部、农业部、财政部组成的中国代表团。全球对环境和气候的重视程度可见一斑。在2002年联合国"可持续发展问题世界首脑会议"(WSSD)上,进一步明确了实施《蒙特利尔议定书》的时间表。

1990年代,美国的绿色建筑进入形成阶段,绿色建筑的组织、理论和实践都得到了一定的发展,形成了良好的绿色建筑发展的社会氛围。这一时期,成立美国绿色建筑协会(USGBC),发布了绿色建筑评价标准体系LEED,至1999年,其会员发展到近300个。2000年前夕,在美国成立了世界绿色建筑协会(World GBC/WGBC)。

进入21世纪后,美国的绿色建筑步入了一个迅速发展阶段。绿色建筑的组织、理论、实践和社会参与程度都呈现了空前的局面,取得了骄人的业绩。到2009年6月,美国绿色建筑协会(USGBC)会员已经突破了20 000个。

2002年起,美国每年举行一次绿色建筑国际博览会,目前已经成为全球规模最大的绿色建筑国际博览会之一。

2009 年,LEED3.0 版推出。全美 50 个州和全球 90 多个国家或地区已有 35 000 多个项目,超过 4.5 亿平方米建筑面积,通过了 LEED 论证。图 7-10 和图 7-11 分别为通过了 LEED 论证的美国俄勒冈州波特兰市的波特兰中心剧场的新家格丁剧院和我国的北京奥运村。

图 7-10　改建前的军工厂和改建完成后的格丁剧院

图 7-11　北京奥运村

2009 年 1 月 25 日,美国白宫最新发布的《经济振兴计划进度报告》中强调,近年内要对 200 万所美国住宅和 75% 的联邦建筑物进行翻新,提高其节能水平。这说明在深受金融危机之苦、亟待经济恢复重建之际,正值美国面临千头万绪时,美国政府毅然将绿色建筑之产业变革作为美国经济振兴的重心之一,表明美国政府对走绿色建筑之路再造美国辉煌的决心和信心。同年 4 月,建于 1931 年的美国纽约地标性建筑帝国大厦斥资 5 亿美元进行翻新和绿色化改造。经过节能改造后，帝国大厦的能耗将降低 38%，每年将减少 440 万美元的能源开支。帝国大厦的率先垂范无疑会为全社会的绿色化改造提供可资借鉴的样本。

目前，美国的绿色建筑当之无愧地处于世界的领先地位。其市场化运作和全社会参与机制等成功经验值得我国分析和借鉴。

（二）绿色建筑在日本的发展

日本绿色建筑的规模化发展大致始于 20 世纪 90 年代中后期，至今不过近二十年的历史。由于日本社会各界的高度重视，绿色建筑在日本得到了快速的发展，受到世界各国的极大关注和很高的评价。日本的绿色建筑经历了一个从自发到成熟的演变过程。

首先是国家立法机关和政府通过法律和法规等形式积极介入，推进住宅的节能环保设计和应用。政策制定和推进的主体包括国土交通省、环境省以及经济产业省等机关和各都道府县等地方自治体。日本政府早在 1979 年就颁布了《关于能源合理化使用的法律》，后经两次修订和完善。

另外，日本的其他社会组织积极推进绿色建筑发展，如"财团法人建筑环境节省能源机构""环境共生住宅推进协议会""产业环境管理协会"等组织，认定、评价、普及和表彰建筑节能和绿色建筑环保事业。

此外，还有各种民间非政府团体（NGO）、非营利团体（NPO）等，制定各种认定、认证制度，不断淘汰污染和高能耗产品，提高和促进企业产品的节能和环保性能，譬如知名度较高的"优良住宅部品制度"等。

日本在建筑节能方面已经取得了很显著的效果，在保持同样生活水平的情况下，以每户为计算单位的生活能耗量，日本仅为英、法、瑞典的 50% 和美国的 30% 左右，成为世界上能源利用效率最高的国家之一。

日本提出了"建筑的节能与环境共存设计"和"环境共生住宅"的概念，就是设计建筑时必须把长寿命、与自然共存、节省资源与能源的再循环等因素考虑进去，以保护人类赖以生存的地球环境，构建大众参与"环境行动"的社会氛围；同时，将这些要素和要求以法律法规的形式予以明确，并注重节能技术的研究和开发，如在新建的房屋中广泛采用隔热材料、反射玻璃、双层窗户等。围护结构的传热系数也控制得非常严格。对于全玻璃幕墙建筑，多利用设计技巧达到节能标准等。图 7-12 为日本多层太阳能住宅。

图 7-12　日本多层太阳能住宅

第三节　绿色建筑设计的原则、内容与方法

一、绿色建筑设计的原则

绿色建筑的设计包含两个要点：一是针对建筑物本身，要求有效地利用资源，同时使用环境友好的建筑材料；二是要考虑建筑物周边的环境，要让建筑物适应本地的气候、自然地理条件。

有关绿色设计或绿色建筑的设计理念和设计原则的著述很多，比较有影响力的观点是 1991 年 Brenda 和 Robert Vale 在其合著的《绿色建筑：为可持续发展而设计》中提出的：①节约能源；②设计结合气候；③材料与能源的循环利用；④尊重用户；⑤尊重基地环境；⑥整体设计观。

另一有影响力的观点是 1995 年 Sim Van der Ryn 和 Stuart Cowan 在《生态设计》（*Ecological Design*）中提出的 5 种设计原则和方法：①设计成果来自环境；②生态开支应为评价标准；③设计结合自然；④公众参与设计；⑤为自然增辉。

绿色建筑设计除满足传统建筑的一般设计原则外，尚应遵循可持续发展理念，即在满足当代人需求的同时，应不危及后代人的需求及选择生活方式的可能性。具体在规划设计时，应尊重设计区域内土地和环境的自然属性，全面考虑建筑内外环境及周围环境的各种关系。在参照有关绿色建筑的理论基础上,结合现代建筑的要求,综合归纳出绿色建筑设计3项原则:①资源利用的"4R"原则;②环境友好原则;③地域性原则。

(一)环境友好原则

建筑领域的环境包括两层含义:其一,设计区域内的环境,即建筑空间的内部环境和外部环境,也可称为室内环境和室外环境;其二,设计区域的周围环境。

1.室内环境品质

考虑建筑的功能要求及使用者的生理和心理需求,努力创造优美、和谐的,安全、健康、舒适的室内环境。

2.室外环境品质

应努力营造出阳光充足、空气清新、无污染及无噪声干扰,有绿地和户外活动场地,有良好的环境景观的健康安全的环境空间。

3.周围环境影响

尽量使用清洁能源或二次能源,从而减少因能源使用而带来的环境污染;同时,规划设计时应充分考虑如何消除污染源,合理利用物质和能源,更多地回收利用废物,并以环境可接受的方式处置残余的废弃物。选用环境友好的材料和设备。采用环境无害化技术,包括预防污染的少废或无废的技术和产品技术,同时也包括治理污染的末端技术。要充分利用自然生态系统的服务,如空气和水的净化、废弃物的降解和脱毒、局部调节气候等。

(二)地域性原则

地域性原则包括以下3方面的含义:

(1)尊重传统文化和乡土经验,在绿色建筑的设计中注意传承和发扬地方历史文化。

(2)注意与地域自然环境的结合,适应场地的自然过程。设计应以场地的自然过程为依据,充分利用场地中的天然地形、阳光、水、风及植物等,将这些带有场所特征的自然因素结合在设计之中,强调人与自然过程的共生和合作关系,从而维护场所的健康和舒适,唤起人与自然的天然的情感联系。

（3）当地材料的使用，包括植物和建材。乡土物种不但最适宜在当地生长，管理和维护成本相对低，还因为物种的消失已成为当代最主要的环境问题，所以保护和利用地方性物种也是对设计师的伦理要求。本土材料的使用，可以减少材料在运输过程中的能源消耗和环境污染。

二、绿色建筑设计的内容与方法

（一）绿色建筑设计的内容

所谓绿色化和人性化设计理念就是按照生态文明和科学发展观的要求，体现可持续发展的精神和设计观念。绿色化要求反映绿色建筑的基本要素，人性化则要求以人为本来体现绿色建筑的基本要素。人性化设计理念强调的是将人的因素和诉求融入建筑的全寿命周期中，体现人、自然和建筑3者之间高度的和谐统一，如尊重和反映人的生理、心理、精神、卫生、健康、舒适、文化、传统、习俗和信仰等方面的需求。因此，绿色建筑的设计内容远多于传统建筑的设计内容。绿色建筑设计是一种全面、全程、全方位、联系、变化、发展、动态和多元绿色化的设计过程，是一个就总体设计目标而言，按轻重缓急和时空上的次序先后，不断地发现问题、提出问题、分析问题、分解成具体问题、找出与具体问题密切相关的影响要素及其相互关系，针对具体问题制定具体的设计目标，围绕总体的和一个个具体的设计目标进行综合的整体构思、创意与设计的相互渗透和多次反复循环的创造性脑力与体力劳动过程。根据目前我国绿色建筑发展的实际情况，一般来说其设计内容可概括为如下3个主要方面。

1.综合设计

所谓综合设计是指技术经济绿色一体化综合设计，就是以绿色化设计理念为中心，在满足国家现行法律法规和相关标准的前提下，在进行技术的先进可行和经济的实用合理的综合分析的基础之上，结合国家现行有关绿色建筑标准，按照绿色建筑要求对建筑所进行的包括空间形态与生态环境、功能与性能、构造与材料、设施与设备、施工与建设、运行与维护等方面内容在内的一体化综合设计。

2.整体设计

所谓整体设计是指全面全程动态人性化整体设计，就是在进行综合设计的同时以人性化设计理念为核心把建筑当作一个全寿命周期的有机整体来看待，把人与建筑置于整个生态环境之中,对建筑进行的包括节地与室外环境、节能与能源利用、节水与水资源利用、节材与材料资源利用、室内环境质量和运营管理等方面内容在内的人性化整体设计。

3.创新设计

所谓创新设计是指具体求实灵活个性化创新设计,就是在进行综合设计和整体设计的同时,以创新型设计理念为指导把每一个建筑项目都当作一个独一无二的生命有机体来对待,因地制宜、因时制宜、实事求是和灵活多样地对具体建筑进行具体分析,进行人性化创新设计。创新是设计的灵魂,没有创新就谈不上真正的设计。创新是建筑及其设计充满生机与活力永不枯竭的动力和源泉。

显然,传统的建筑设计基本原则是适应不了绿色建筑设计要求的。进行绿色建筑设计必须遵循新的绿色建筑设计基本原则。

(二)绿色建筑设计的方法

(1)强调因地制宜,充分考虑建筑场地的环境条件,让城市的历史文脉、自然地理特征得以沿袭。

在项目的规划与总图设计阶段,选址和保护周围环境是绿色建筑设计的主要内容,同时还要注意对当地历史和传统文化生活方式的讨论。在城市规划阶段,生态控制论的技术方法可以有效地提高规划的质量。

在设计阶段,无论是生物气候设计还是生物气候缓冲层的设计策略,都强调应用被动设计的方法来解决建筑节能和建筑通风。这种被动设计方法包括一些仿生建筑的设计,极大地影响着建筑的形态,比如建筑的朝向、几何形状、外围护的材料与色彩等。当然因地制宜还体现在设计中重视对当地建筑材料和太阳能、风能等资源的利用。

建筑与地域文化是当前建筑创作讨论中的一大热点话题,更多的是强调场所的重要性,提倡的是重视当地气候条件、材料、地域资源和社会文化的建筑创作,应该说因地制宜的绿色设计的原则与建筑地方多样性的创作是殊途同归的。

(2)强调整体环境的设计方法。1999年国际建协第20届大会通过的北京宪章中指出:"建筑单体及其环境历经了一个规划、建筑、维修、保护、整治、更新的过程。建筑环境的寿命周期恒长持久,因而更依赖建筑师的远见卓识。将建筑循环过程的各个阶段统筹规划。"这里给出了整体设计的概念,就是从全球环境与资源出发,应用经济可行的各种技术和建筑材料,构筑一个建筑全寿命周期的绿色建筑体系。

(3)应用高技术和优质的材料,就要应用寿命周期评价方法予以权衡,进行技术选择。目前欧美应用的高技术绿色建筑设计方法往往和智能建筑设计相结合。按欧洲智能集团对智能建筑的理解是:使其用户发挥最高效率,低保养成本和最有效地管理其建筑本身的资源。这和绿色设计的理念是一致的。智能建筑的系统集成方法在改善建筑能源和室内环境的设计中,往往采用主动式设计方法,尽管要花费较大的成本,但从建筑全寿命周期来评估,经济上还是可行的(见图 7-13)。当然很多常规技术依然被大量使用,而且是行之有效的。

图 7-13　让·努维尔设计的阿拉伯世界研究中心(立面通过光敏控制的"光圈"来调节采光)

(4)建筑的全寿命周期设计方法。该方法对于建筑设计的要求不再仅仅是三维空间效果的创作,而是对于建筑的节能、通风、采光以及环境影响等的评估、预测难度更大了,应用计算机模拟与计算要求更高了。这方面的技术还有待进一步开发,使其进入简便、实用的阶段。

(5)建筑技术与建筑艺术创作。现代建筑最大的发展就是现代科学思维在设计中的融入和新材料、新技术在建筑中的应用。而绿色建筑设计对建筑设计的思维又是一个革命性的变化,体现生态的美学价值(见图 7-14)。绿色设计要求建筑的形式和功能的自然亲和,特别是一些高技术的引入,又能够使人的体验充满智力的感受。

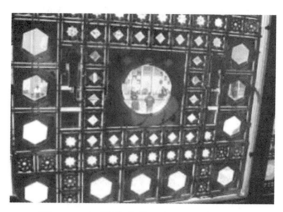

图 7-14　阿拉伯世界研究中心立面细部

走可持续发展的道路是建筑师的核心责任。建筑设计对推行绿色建筑至关重要。改变创作理念,利用现代科技手段实现精细化设计是必由之路。绿色建筑并不仅仅满足节水、节地、节能、空气污染的几个指标,还一定要满足个性化设计的要求。因此,从总体规划到单体设计的全过程必须从地域性、经济性和阶段性出发选择适宜的技术路线。

(6)个性化的定性分析中地域性特点和项目自身的特点是很重要的两个因素。在夏热冬暖地区(南方地区),遮阳和自然通风对节能的贡献率大于围护结构的保温隔热,这与北方地区非常关注体形系数和围护结构的热工性能有着不完全相同的技术路线。同样为住宅项目,别墅类项目的重心是提高舒适度下的资源高效利用,对温湿度控制、室内空气品质、热水供应等的要求很高,往往有条件使用多种新材料、新设备,能承受较高的运行管理费用;而经济适用房强调的是以较低成本满足使用需求并降低运行管理费用,因此会在节能、节水、节材、节地等方面采用不同的设计方法和技术措施。

(7)加强环境绿化。绿化可以创造空间、美化环境、营造良好的生活氛围。建筑设计中可用绿化覆盖地面。由于绿地有大量水分蒸发,往往可以制造比较凉爽、舒适的环境;高大的乔木在地面上形成了较大面积树荫,减少路面吸热,绿化可净化空气,提高空间的含氧量。将绿化量化标准引入设计规范,注意环境绿化,创造出良好的区域微气候。设计中的立体绿化包括墙面绿化、屋顶绿化和阳台绿化,可以用绿色爬藤阻挡强烈阳光直射在外墙上,降低外墙面温度,保证室内温度的稳定性(见图 7-15)。屋顶绿化采用蓄水覆土种植,屋面上种植花草和低矮灌木,可形成空中花园。在炎热的夏季,可使屋面免遭阳光直射,形成适宜的室内温度。

图 7-15　建筑立面绿化

参考文献

艾学明.公共建筑设计[M].南京:东南大学出版社,2009.

白润波,孙勇.绿色建筑节能技术与实例[M].北京:化学工业出版社,2012.

白晓东.探析现代中式建筑的设计[J].住宅与房地产,2016(9).

鲍一然.谈绿色建筑设计[J].陕西建筑,2012(7).

北田静男,周伊.公共建筑设计原理[M].上海:上海人民美术出版社,2016.

毕光庆.新时期绿色城市的发展趋势研究[J].天津城市建设学院学报,2005(4).

曹静.关于绿色建筑设计的几点思考[J].城市建筑,2013,29(18).

曹伟.浅谈绿色建筑设计与绿色节能建筑的联系[J].中华民居,2014(10).

柴铁锋,栗要甲.绿色住宅建筑设计表现形势[J].房地产导刊,2015(14).

陈大昆,邹宁.基于现代住宅建筑设计中的节能处理分析探讨[J].中外建筑,2010(2).

陈柳钦.国外主要绿色建筑评价体系解析[J].绿色建筑,2011(5).

陈志华.外国建筑史[M].北京:中国建筑工业出版社,2010.

程大章.《绿色建筑评价标准》——运营管理[J].建设科技,2015(4).

董豫赣.现当代建筑十五讲[M].北京:北京大学出版社,2013.

范修栋.纤维水泥材料应用于当代建筑设计表现中的效果[J].建筑工程技术与设计,2015(15).

干惟,金玉,耿翠珍.建筑结构选型[M].北京:中国水利水电出版社,2012.

郭宏,史秀清,程志.住宅建筑设计对绿色施工的影响研究[J].施工技术,2012,41(21).

何冬霞.建筑结构设计优化方法在房屋结构设计中的实际应用[J].中华民居,2013(30).

黄海燕.未来住宅建筑设计的发展方向[J].中国新技术新产品,2010(12).

黄彦计,娄霄楠.浅谈建筑结构设计的常见问题及对策[J].中国房地产业,2011(3).

黄瑜,罗涛,纳剑峰.当前住宅建筑设计分析与研究[J].中国新技术新产品,2011(4).

黄志英.住宅建筑设计中的节能措施应用探析[J].福建建材,2012(10).

金慧.中外建筑史[M].武汉:华中科技大学出版社,2013.

金伟根,徐国战.基于建筑经济的可持续发展研究[J].建筑工程技术与设计,2015(18).

居和维.关于建筑结构选型特点的探讨[J].城市建设理论研究,2012(4).

冷德平.关于建筑空间组合的分析[J].门窗,2014(12).

李光耀.建筑空间组合关系及设计[J].建筑工程技术与设计,2015(10).

李浩,刘东甲.浅析建筑结构设计中应注意的问题[J].工程与建设,2012,26(1).

李锦林.中国建筑史[M].北京:北京工艺美术出版社,2010.

李小冬.建筑空间组合设计分析[J].建筑工程技术与设计,2015(24).

李晓庆.浅析现代住宅建筑设计中存在的问题[J].城市建设理论研究,2013(29).

李延龄.建筑设计原理[M].北京:中国建筑工业出版社,2011.

李之吉.中外建筑史[M].北京:中国建筑工业出版社,2015.

梁锐.快速建筑设计与表现[M].北京:中国建材工业出版社,2006.

梁思成.中国建筑史[M].天津:百花文艺出版社,2007.

刘春娥.建筑新材料及新技术在住宅建设工程中的应用[J].现代企业教育,2014(8).

刘存发.浅析现代住宅建筑设计中存在的问题[J].城市建筑,2013(18).

刘飞.浅析建筑新材料的应用[J].魅力中国,2010(1X).

刘抚英,厉天数,赵军.绿色建筑设计的原则与目标[J].建筑技术,2013,44(3).

刘丽莉.浅析建筑空间组合设计原则[J].黑龙江科技信息,2015(17).

刘明昊.浅析我国建筑经济问题及成因[J].建筑工程技术与设计,2016(1).

刘先觉,汪晓茜.外国建筑简史[M].北京:中国建筑工业出版社,2010.

刘镇华.关于建筑空间组合分析[J].科技致富向导,2015(3).

逯海勇.建筑设计表现技法基础与实例[M].北京:化学工业出版社,2011.

牟晓梅.建筑设计原理[M].哈尔滨:黑龙江大学出版社,2012.

宁绍强,谢杰,卫鹏.建筑设计表现技法[M].合肥:合肥工业大学出版社,2006.

欧阳静文,杨淼航.商业建筑设计[J].建材发展导向,2013(1).

潘谷西.中国建筑史[M].北京:中国建筑工业出版社,2009.

潘毅.对建筑空间组合设计的思考[J].城市建设理论研究,2012(1).

任丹伟.浅析建筑空间组合设计原则[J].城市建设理论研究,2012(18).

任庆英.建筑结构选型中应注意的问题[J].建筑结构,2013(10).

沈福煦.中国建筑史[M].上海:上海人民美术出版社,2012.

孙乐,郝富治.关于建筑空间组合分析[J].城市建设理论研究,2015(23).

唐黎标.现代建筑中的建筑新材料与新技术[J].建材发展导向:下,2014,12(8).

王东明.分析公共建筑空间的组合设计[J].门窗,2012(4).

王国荣.公共建筑空间设计[M].北京:中国青年出版社,2015.

王璐璐.关于中外公共建筑空间关系的研究[J].中国科技博览,2014(46).

王其钧.中国建筑史[M].北京:中国电力出版社,2012.

王潼宇.公共建筑空间的组合设计[J].城市建筑,2015(33).

温汉国.对城市公共建筑空间组合的设计分析[J].建筑工程技术与设计,2016(16).

吴薇.中外建筑史[M].北京:北京大学出版社,2014.

吴莹. 简述影响建筑结构选型的因素[J]. 陕西建筑与建材,2004(11).

武勇. 居住建筑设计原理[M]. 武汉:华中科技大学出版社,2009.

邢双军. 建筑设计原理[M]. 北京:机械工业出版社,2008.

徐菊花. 浅析我国建筑经济的发展现状[J]. 建筑工程技术与设计,2015(11).

徐磊. 建筑设计表现[M]. 北京:高等教育出版社,2009.

许歆. 建筑结构选型的经济性考虑[J]. 河南建材,2010(2).

闫旭. 关于现代住宅建筑空间组合设计的探讨[J]. 今日科苑,2010(6).

杨海荣,冯敬涛. 建筑结构选型与实例解析[M]. 郑州:郑州大学出版社,2011.

杨洁,葛海霞. 中外建筑史[M]. 北京:科技文献出版社,2014.

杨丽君. 建筑装饰设计[M]. 北京:北京大学出版社,2012.

袁新华,焦涛. 中外建筑史[M]. 北京:北京大学出版社,2014.

张弘. 中外建筑史[M]. 西安:西安交通大学出版社,2012.

张涛,赵弘. 浅谈在建筑设计中掌握绿色建筑设计的要点[J]. 城市建设理论研究,2014(11).

张文忠. 公共建筑设计原理[M]. 北京:中国建筑工业出版社,2008.

张燕. 公共建筑设计[M]. 北京:中国水利水电出版社,2011.

赵海涛. 中外建筑史[M]. 上海:同济大学出版社,2010.

周波. 建筑设计原理[M]. 成都:四川大学出版社,2007.

周长亮. 建筑设计原理[M]. 上海:上海人民美术出版社,2011.

周率. 单元形式建筑空间组合的可能性[J]. 中国科技投资,2014(A01).

朱瑾. 建筑设计原理与方法[M]. 上海:东华大学出版社,2009.

邹广天. 建筑计划学[M]. 北京:中国建筑工业出版社,2010.